香港林業及自然護理

回顧與展望

0 1960 1970 1980 1990 2000 2010 2020

饒玖才
作者簡介

饒玖才先生早年先後在中國、新西蘭及美國接受農業、林業及自然護理教育。1955至1990年在香港政府漁農處服務，退休前為漁農處助理處長。退休後涉獵本港及鄰近地區的史地及風物之探討，對香港地名的研究頗有心得。著有《香港地名探索》、《香港風物古今》、《華夏地名尋源》、《香港舊風物》、《遊世界、說地名》、《香港地名及地方歷史》及《十九及二十世紀的香港漁農業傳承與轉變》。2005年起任康樂及文化事務署博物館專家顧問（民俗學）。

王福義博士
作者簡介

大學主修地理，畢業後加入政府，任職行政主任，後獲政府獎學金往英國修讀「環境森林」，1978年加入漁農處，是首批負責規劃及設計郊野公園的人員，見證郊野公園的成立及發展。2008年退休，退休前為漁農自然護理署助理署長。退休後，曾在中大及港大地理系任教，分享郊野公園規劃與管理的經驗。他曾接受多份報章雜誌的採訪，並為多個講座擔任嘉賓。

目錄

序——黎存志 6

編者的話——饒玖才 8

編者的話——王福義 10

第1章 香港的自然環境與植被概述 12

第2章 早期的園林與植物調查工作 20

第3章 鄉村林業 40

第4章 植林區的復原與擴展 68

第5章 郊野公園的成立 100

第6章 郊野公園的植林和護理 130

第7章 自然護理教育和宣傳 166

第8章 城市周邊地帶的植林 192

第9章 市區樹木的種植與護理 204

第10章 香港林業的趨勢和展望 226

附錄一 香港試植桐油樹史實 242

附錄二 香樹與香港 246

序

本書作者饒玖才先生及王福義博士是我敬重的前輩，他們在漁農處（現稱漁農自然護理署）服務數十載，對香港林業及自然護理工作貢獻良多。當我收到本書的初稿時，便立時放下手上的工作，先睹為快。有幸為此書作序，深感榮幸。

在文獻及互聯網上不難找到有關林業的資料，但關於香港林業的資料卻寥寥可數，不少人亦將林務工作與木材生產相提並論。回想起二十多年前，剛從澳洲畢業回港找工作，看到漁農處招聘林務主任的廣告，當時年少無知，心裏想香港還有林務工作嗎？過去二十多年的工作生涯，讓我認識到林務工作不單是木材生產，亦充分體會到香港林業及自然護理工作的豐富多采。然而，坊間卻鮮有相關的著作，讓讀者細味其中。

我在漁農處的第一個崗位負責管理香港植物標本室，當年從標本室的圖書館裏找到一些有關香港林業的文獻，包括1953年Mr. Robertson 及1965年Mr. Daley的報告，對當時的林務政策提出了一系列建議。我一直將這些文件好好收藏，珍而重之，希望有一天能予以檢討。現在由兩位前輩親自執筆，回顧及展望香港林業及自然護理工作，實在感到雀躍萬分。

林業及自然護理確實是息息相關，郊野林區蘊藏着豐富的自然資源，也孕育着多樣的生物。早期的植林及護林工作，為香港自然護理奠下基礎，亦為其後推廣戶外康樂及設立郊野公園等措施提供良好條件。署方透過管理及修葺行山徑和其他郊遊設施，讓市民可從煩囂的都市走進大自然，樂行郊野，享受其中。書中提及的成果，實在得來不易，全賴許多前人努力不懈建設而成。

香港的市區綠化及樹木管理工作，近年備受社會關注及政府重視。十多年前開始，樹藝及樹木管理工作已擴展至更多層面，近年更提倡城市林務。期望在各方的努力下，郊區及市區的林務工作能並行發展，林木欣欣向榮，使香港能成為一個宜居的森林城市。

本書作者以深入淺出的文筆，回顧了過去百多年香港林業及自然護理工作的發展，當中亦提供了一些「內幕」資料，提高讀者的興趣。相信對喜愛香港歷史的讀者、愛護大自然的朋友、從事自然護理工作的人士，以及修讀環境科學的學生而言，本書甚具參考價值。

黎存志
漁農自然護理署助理署長
（郊野公園及海岸公園）
2020年8月

編者的話

去年初，漁護署舊同事王福義博士告知，他退休後曾在中文大學地理與資源管理學系擔任客席教授，開設「自然保護在香港」課程，反應頗佳。有學員反映，如將課程大綱擴編成書，不單可記錄有關史實，亦可作為自然護理教育的參考書。王博士知道我有出版的經驗，提議和我合作編寫，我亦欣然答應。

經過商討，根據我們過去在漁護署服務的年代，以及在不同工作範疇的經驗，由我編寫第一、二、三、四和第七章，其餘五章由王博士負責。

本港的林木護理工作，除郊區由漁護署負責外，市區及道路等由多個部門負責，故書內有關前者的第一手資料較多，後者則較少。

因應時代改變、工作重心轉移及行政需要，政府需不時將各部門的名稱更新（如農林漁業管理處/漁農處/漁農自然護理署；市政事務處/康樂及文化事務署等），可能引起混淆，編寫時已盡量註明，減少閱讀的不便。

本書初稿完成後，得到另一位曾主管林業及自然護理工作的劉善鵬先生校閱及補充資料，使內容更充實。此外，又得到漁農自然護理署提供部分有關照片及統計數字，所以本書可以說是一個集體著作。

饒玖才
2020年8月

編者的話

很高興與饒玖才先生合作，完成這本有關香港林業歷史，發展和自然保育的書。這不是一本關於林業的技術專著，只是為讀者提供一些香港林業的資料、背景、歷史及演化，溫故而知新。

饒玖才先生是我所敬重的前輩，他曾在漁護署服務很久，也擔任過不少職位，以助理處長退休。他博聞強記，是位香港方物、地名及歷史古蹟的專家。他編寫過很多書籍，包括香港農業和漁業的傳承及轉變，但是卻缺少了林業和自然護理方面的著作。前年我特意邀請他編寫林業一書，他欣然同意；我也樂於合作，把我所知道的一起分享。就這樣我們分頭去撰寫自己負責的部分。他寫得很快，我很久才完成我負責的部分，真不好意思。

近年香港因應「生物多樣性國際公約」，「氣候變化國際公約」和建設「都市森林」的計劃，林業在香港逐漸由政策的「邊緣」進入「主流」。林業受到重視，不但限於政府和機構，更需要提升市民在這方面的認知，希望此書有些幫助。

在林業發展的軌跡之中，我們發現有不少的機遇，優點和缺失，以往成功或失敗的事例，都給我們很好的啟示和提醒。希望這本書對發展整體香港林業有所裨益，當然其中有不少錯漏，盼望讀者們不吝賜正。

在寫作的過程中我得到不少人士的幫助，提供意見和資料；包括長春社的蘇國賢先生，前拓展署的區志偉先生，土木工程拓展署余麗嫻女士，漁護署的李英銘先生，我的學生徐晗小姐，舊同事劉善鵬先生，陳自強先生，林建新先生，教育大學的詹志勇教授等，未能一一列出。我特別要向李彩鳳女士致謝，她迅速地為我打好了手稿，令我十分感激。

本書得到漁護署助理署長（郊野公園及海岸公園）黎存志先生作序，倍感榮幸，加上陳靜嫻女士的協助，令本書可以順利出版。

雖然本書與林業及自然保育有關，其中見解只代表兩位作者的看法，不代表漁護署或政府的意見。

最後我們要感謝郊野公園之友會贊助本書的出版。本書旨在拋磚引玉，希望見到更多有關香港林業及自然護理的專書出版。

王福義
2020年8月

第1章

香港的自然環境與植被概述

地理及氣候

香港（包括香港島、九龍及新界）位於中國大陸南部海岸，珠江口東側，北與廣東省深圳市陸地連接，東面瀕臨大鵬灣，南與珠海萬山群島毗鄰，西面與澳門、珠海隔海相望。按緯度計算，全境在北緯22°09′ – 22°37′，東經113°49′ – 114°30′之間。陸地總面積為1,106平方公里，其中部分沿岸市區為過去百多年填海而成。

香港地勢多山，山嶺佔土地面積約四分之三。最高的山海拔達九百多米。較寬闊的平原只出現於西北部，而小規模的平地則在山谷低部或海灣頂端可見。山嶺地區的土壤，主要為源自花崗岩與火成岩兩類。一般來說，前者沖刷較嚴重，植被稀薄，多為草類；後者植被較密，灌木叢較多。

香港人煙稠密，人口逾750萬，但因地勢多山，大幅郊區仍獲保留。市區約佔總面積15%，農地佔7%，餘下的郊區大部分為水塘集水區及用作自然護理，和供市民作戶外康樂用途的郊野公園。

香港氣候隨季節而變化。冬季季候風每年十月開始，由北方或東北方吹來，延續至翌年三月中，冬季天氣較涼和乾燥。初春期間當風向由東北轉至東南時，間中會有濃霧和毛雨。

從四月中到九月末夏季季候風由南方或西南方吹來，天氣炎熱多雨。每年五月至九月是本港的颱風季節，會有暴風雨吹襲。

近海地方二月的每日平均溫度為攝氏15℃，七月則為28℃。下午氣溫通常比晚上最低溫度高出五度。在較高的地方，氣溫可能比平地的溫度低數度，冬季且間有數天霜凍。由於全球氣候暖化的影響，近年的平均溫度有上升趨勢，冬季寒冷的日子亦趨減少。每年的平均雨量為2,224毫米，惟十一月至三月的雨量只得183毫米，其餘七個月的雨量則有2,041毫米。從二月中至九月初，平均相對濕度超過80%。十一月是全年最乾燥的月份，平均相對濕度為69%。

植被[1]

香港面積雖小，但植物種類繁多。本地原生的維管束植物共錄得超過二千種（包括變種），新種時有發現。在植物地理學上，香港屬東南亞熱帶植物區，位於該區最北邊緣。

從前，香港及大部分鄰近南中國均遍佈森林，典型植物類型是常綠或半落葉林。數百年來，因不斷的斬伐和焚燒，以開墾農田及作燃料，原生林早已被摧毀，面目全非。

1　資料來源：LAI, C. C.（黎存志）& YIP, K. L.（葉國樑）："Vegetation of Hong Kong. The Past, Present and Future" in "Flora of Hong Kong". Volume 2, Agriculture, Fisheries & Conservation Department, H.K.S.A.R., 2008.

本港陸地現有的植被，主要群落可分為雜草、灌木叢和樹林三種，而小型的群落則在特殊的環境下生長，例如淡水和濱海沼澤。

雜草叢多見於山頂及土壤瘦瘠而山火頻仍的山坡。一般離島因山坡陡斜，雨水流失甚速，而且海風常帶鹽份，所以現有植被大部分屬草叢。常見的雜草有鴨嘴草屬、野古草屬、香茅屬等禾本科植物，其他草本植物則包括菊科、茜草科、爵床科、玄參科和蕨類植物。

灌木叢多見於向北、濕度較高的山坡，它實為草叢和樹林的過渡性植被類型。常見的灌木有野牡丹屬、桃金娘屬及崗松屬等植物。

殘存的原生樹木偶然在深峭的溪谷中可見，主要由於地勢險峻，環境濕潤，樹木常能逃過刀斧和山火的破壞。喬木有鵝掌柴屬、烏桕屬、柯屬、樟屬、木薑子屬、潤楠屬和蘋婆屬植物。樹下灌木層有紫金牛屬、九節屬、常山屬植物。草本植物層則有山麥冬屬、山薑屬及蘭科植物。

在山坡上亦有人工林。早年造林方法是在山上直播種子或移植人工培育的幼苗。在水塘集水區範圍內的人工林，多由漁農自然護理署管理。造林樹種則本地和外來的品種均有採用，包括馬尾松（學名*Pinus massoniana*）、愛氏松（學名*Pinus elliottii*）、黧蒴錐（即裂斗錐栗，學名*Castanopsis fissa*）、台灣相思（學名*Acacia confusa*）及紅膠木

（學名*Lophostemon confertus*），自90年代起則改用更多本地品種。至於市區、公路旁及其他地區的植物護理，則分別由康樂及文化事務署、地政總署、土木工程拓展署、房屋署、建築署、規劃署、水務署、渠務署及路政署負責。

較大幅的耕地集中在北部，而小幅耕地則在若干山谷低部。耕地以前多種植禾稻，但近五十年大部分已轉為蔬菜及花卉種植，小部分用作禽畜飼養。

香港的海岸長而多灣，適合頗多能夠適應海邊環境的植物生長。但近年由於填海以開闢住宅和工商業用地，這類植物日趨減少。

在沙灘上，植物的分佈，多成帶狀。近海的一方，常見的品種為海灘牽牛（厚藤）、白背蔓荊、刺及鹵地菊，都屬先鋒植物及有固沙作用。向陸地的一方可見灌木如苦楮、露兜樹及草海桐。最後在灘頂可見大型灌木或小喬木如黃槿、血桐及海杧果等。

在泥灘上，常見矮小紅樹林，長有海欖雌屬（白骨壤）、桐花樹屬及紅樹科植物。

在石灘或散石灘頂，常有藤本植物如雞眼藤及灌木如草海桐、露兜樹及刺葵的生長。

人類活動對植被發展的影響[2]

從植物生態角度來看，香港的地理和氣候條件，足以孕育及演替成森林型的植被。這正是古代廣東（包括香港）長期所處於的蠻荒狀態。在這段時期，雖然有人數不多的幾個少數土著民族，包括瑤（猺）族和畲族，在山嶺地區，用「刀耕火耨」[3]方式，生產穀物和藷類供食用，但他們都是採用「游耕制」(Shifting Cultivation)，當一塊田地的「肥力」消耗後，就轉移到鄰近的另一塊「處女地」耕種。另一方面，他們因受到從「中原」地區南移到兩廣和福建地區的漢族人擴張的壓力，在這三省的山嶺地區不斷遷移，故此他們所遺下的「廢田」，慢慢地由草原重新演替成森林。在同一時期亦有土著先民在濱海地區，以從海底挖出的貝殼為原料，用柴草作燃料燒灰，不過規模細小，對整體森林的破壞不大。大約在宋代（十一世紀初）漢人定居時，原有的森林因闢墾農田而開始受到破壞，到十七世紀，廣東「遷海復界」後，大批客家人移入，開墾活動增加，長期的反覆燒山放牧和採薪，以燒製磚瓦和石灰，

2 參考資料：（甲）廣東省植被研究所《廣東植被》第五章〈植被的演替〉（第 39 至 40 頁）（乙）游修齡〈中國歷史上的森林保護和農田開發〉，載於《浙江農業大學 學報》1989 年第 3 期。

3 「刀耕火耨」就是用刀斧斬伐山上的樹林，乾燥後放火燒成灰，作為肥料在坡地上種植作物。幾年後肥力用盡，便移至另一片樹林，照樣開發耕作，這種掠奪式耕作法在古代世界各地均普遍使用。

使植被退化成灌木和草叢狀況。十九世紀末至二十世紀中的植林和護林工作，初步改善了整體植被的面貌，但部分成果被頻仍的山火抵消。到二十世紀末，由於社會結構和生產活動的轉型、燃料來源的改變、山火的減少，以及植林和護林工作，扭轉了形勢，使植被重新向森林型發展。這種植物生態演替過程，可用下列示意圖表示。

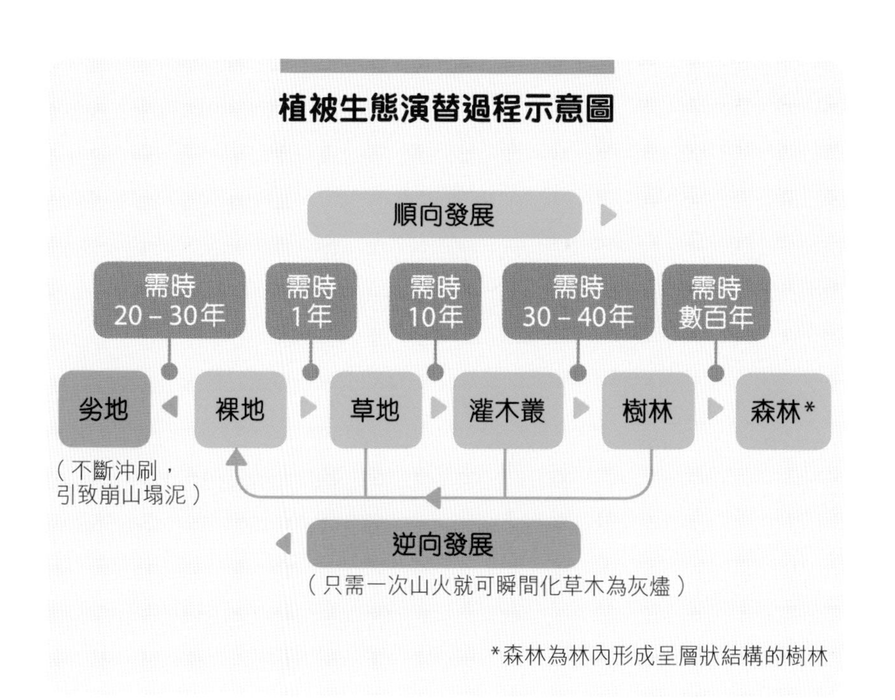

第2章

早期的園林與植物調查工作

1840–1945

從園到林[1]

英國據有香港島初期（1842 – 1860年），島上荒山處處，衛生環境惡劣，到來經商和工作的歐洲人，在多次社交或其他場合中，要求當局建立公眾花園，並廣植花卉樹木，以改善整體環境。政府雖然贊同提議，但因經費短缺，無法實行。

1855年，港督寶靈爵士 (Sir John Bowring) 寫信給英國殖民地大臣，指出在香港設立植物公園，除美化和科研價值外，亦有潛在的經濟利益（探察及開發華南各省的植物資源）[2]，請求在殖民地部撥款進行，但亦無結果。

1861年，港督羅便臣爵士 (Sir Hercules Robinson)，終於撥款在中環雅賓利道旁山坡，闢建一所公共花園，並委派T. G. Donaldson為政府花園監督 (Curator of Government Gardens) 管理該處。從地形及土

1　本節資料主要取自：
(a) A. F. Robertson: "*A Brief History of Forestry in Hong Kong*", *Appendix I of "A Review of Forestry in Hong Kong with Policy Recommendations*". Government Printer, Hong Kong, 1953.
(b) G. R. Sayer: "*Hong Kong, 1862–1919, Years of Discretion*". Hong Kong University Press, 1975, pp.12, 45.
(c) D. A.Griffiths（顧雅倫）& Lau, S. P.（劉善鵬）: "*The Hong Kong Botanical Gardens, A Historical Overview*", Journal of the Hong Kong Branch of the Royal Asiatic Society, Vol. 26, 1986, pp. 55-77.
(d) 馬冠堯：〈植物公園的興建工程〉，載於《香港工程考II》(*History of Hong Kong Engineering II*)，三聯書店（香港），2014年，第75 – 78頁。

壤角度來看，該址並不理想：坡度大、土壤瘦瘠、土層巨石處處、排水不良，引致建築費用昂貴。但當時中環大部分土地已為英軍劃為軍事用地，或洋人住宅，故別無他選。該段時期，在政府機構間的通訊中，它有兩個不同的稱謂：一為公共花園（Public Gardens），著重它的美化功用與康樂用途；另一為植物公園（Botanic Gardens），著重其植物研究功能。華人社會，則因園址位於總督府旁邊，而總督是駐港英軍總司令，故俗稱為「兵頭花園」。

植物公園成立十年後，園藝工作已上軌道，其發展重心逐漸轉移到植物研究和植林。1871年，在英國皇家植物園（Royal Botanic Gardens, Kew，簡稱「邱園」（Kew Gardens））總監推薦下，福特（Charles Ford）獲委派來港，出任園林總監（Superintendent

1868年的植物公園，背後為「扯旗山」，坡上多為草叢，樹木稀少

2 寶靈爵士（Sir John Bowring）的背景多采多姿。他是語言學者 —— 荷蘭哥寧根大學（University of Groningen）榮譽文學博士）也是植物學家（Fellow of the Linnean Society）。早年從商，無大發展，中年才轉投政界，曾任英國下議院議員及英國駐華商業專員。出任港督時，年齡已接近「老邁」。不過，他對英國在遠東（Far East）殖民地經濟植物資源的開發潛力，確有見地。 在港督任內亦推動了兩項重要基建工程：西環填海而成的寶靈海旁（Bowring Praya）以及銅鑼灣的寶靈城（Bowrington）及寶靈渠（Bowring Canal），俗稱「鵝頸渠」，戰後改建為堅拿道（Canal Road）。

of the Botanic Gardens)。他到任後積極推動兩項工作：一為建立香港植物標本室，進行本港和鄰近地區的植物研究（此項在本章下一節敘述），另一項是在港島山嶺植林和護林。這段時期，他領導的機構是隸屬於工務司 (Surveyor General) 下的花園及植林組 (Gardens and Afforestation Section)。

經初步調查後，福特在1876年向港督軒尼斯爵士 (Sir John Pope Hennessy) 口頭建議，在港島山嶺植林，以逐步改變被形容為「荒蕪的石頭」(Barren Rock) 的面貌，獲得港督贊同。

1879年，港督正式批准上述提議，並將有關機構升格為獨立的政府部門，改稱為植物及植林部 (Botanical and Afforestation Department)，反映園藝工作變為次要。

1880年代在港島山嶺植樹的主要品種，是本地原生的馬尾松（學名 *Pinus massoniana*)，因為它能在瘦瘠泥土和暴露環境下生長。通常是用穴播松籽或移植幼苗的方式種植。此外亦試植幾種從海外引進的品種，包括原產澳洲的紅膠木（學名*Tristania conferta*，今改稱 *Lophostemon confertus*)，和多種桉樹（學名*Eucalyptus* spp.）及木麻黃（學名*Casuarina equisetifolia*)。在較為蔭蔽的山谷，則種植木質優良及可產樟腦的樟樹（學名*Cinnamomum camphora*)，以及黧蒴錐，即裂斗錐栗（學名*Castanopsis fissa*）。馬尾松種植後，都按照現代育林原則進行疏伐和修枝，使其發育良好，木材正直。

據1890年代的政府年報，一批樹齡18年，曾經兩次疏伐的松林，其平均高度達30英尺，樹幹胸徑10吋。整體來説，樹林已初步改善了港島山嶺的面貌，同時出售的木材亦為政府帶來金錢收益。

1894年，港島松林受到松毛蟲侵害，松針脱落，生長停滯，更有部分死亡。此後這種蟲害每隔幾年發生一次（參閱第四章「植林區的復原與擴展」的「樹林的病蟲害」，及第五章「郊野公園的植林和護理」的「病蟲害」）。

到1890年代中期，因島上適宜植林的山嶺已無多，故每年植樹的數目亦減少。薄扶林水塘落成初期，因懷疑樹木落葉可能影響水質，故其集水區內未有植林，直至後來濾水設施改良後才進行。

1903年的香港年報稱全港島共有5,000英畝（acres）松林，部分樹齡20－30年者，可以斬伐重植。翌年斬伐了一批25年的松林，庫房進帳18,000港元，在當時是一個頗大的數目。因此，松林收穫週期（rotation）的問題，引起公眾關注。立法局亦開會討論，但未有結論。港府於是邀請印度林務部總監（Inspector-General of Indian Forestry

Department）提供專業意見[3]，他推薦30年的收穫週期。不過，稍後發現本地25年的松林，有不少樹木枯死，證實在香港的生長環境下，25年的收穫週期較為適合，此後松林便按照25年週期而更新。

新界租借後，港府在1903年開始在九龍山脈南坡建立一條西起筆架山（Beacon Hill，又名煙墩山），東至飛鵝嶺（Kowloon Peak）的海港帶狀林（Harbour Belt Plantation），其主要目的是美化港島及九龍市區的「遠眺景觀」，其次是作木材和柴薪儲備，供緊急時應用。

1912－1937年期間，林務工作的水準下降，雖然每年繼續種植頗大面積的樹林，但育林工作（疏伐、修枝等）墜後或停止，有關的記錄也被疏忽丟失。主要的原因，相信是1920年代本港經歷了兩次大工潮：「海員大罷工」和「省港大罷工」。該段時期，市況蕭條，政府財絀，人手不足。另一方面，盜伐樹木情況嚴重，部分植林人員調往護林工作。到1930年，情況才開始好轉。

---

3 十九世紀時，印度林務部的業務水平，在大英帝國版圖（包括英國本土）內最高，其專業官員（大部分為英國人）隊伍稱為「Indian Forest Service」，簡稱「I.F.S.」，英國本土林業反而比較落後，主要是因為它長期可從其各殖民地取得大量價廉物美的原始森林木材（北美洲的松杉、印度和緬甸的柚木、澳洲的桉木等），本土林業發展無迫切需要，直至第一次世界大戰期間，英倫三島嘗到德國潛艇（U Boat）封鎖，入口物資短缺的苦果後，才在戰後1919年，設立本土的林務部（British Forestry Commission），發展林業。

4 開埠初期，本港許多小販經常在野外挖取野生灌木，以培育作盆景或採摘其他草木作山草藥售賣，居港外藉人士投訴後，當局只能引用市政條例檢控。直至《林務條例》（Forestry Ordinance）制定後，才在規例中列明禁止挖取野生植物的種類。此例在1990年代改稱為《林區及郊區條例》（Forests and Countryside Ordinance）。

1930年代的主要林務工作包括下列四項：

（一）為使林務工作有法律基礎，政府制定《林務條例》(Forestry Ordinance，即香港法例第九十六章）及其附屬法例《林務規例》(Forestry Regulations)，列出受保護的野生植物，包括野生茶花、蘭花、杜鵑、百合、吊鐘等，禁止採摘及售賣。[4]

（二）根據上述條例將大埔滘劃為「森林保護區」(Forest Reserve)，成為全港第一個自然保護區。

（三）在新建成的大埔公路和青山公路兩旁，種植馬路樹，主要為白千層（學名 *Melaleuca cajuputi* subsp. *cumingiana*），原因是它能適應稻田地區的低濕環境。另一方面是其樹皮白色，在當時缺乏路燈的情況下，對使用該道路的駕駛

FORESTRY ORDINANCE, CAP. 96

WARNING

PROTECTION OF VEGETATION

To cut, burn or otherwise damage the vegetation on Crown Land is an offence carrying a fine of $2,000 and imprisonment for one year.

Many plants are specially protected, including the Chinese New Year Flower, "Tiu Chung", all Orchids and Azaleas.

The unlawful sale or possession of such protected plants is an offence liable to a fine of $250.

Senior Forestry Officer
Agriculture and Fisheries Department

林務條例，卽香港法例第九十六章

警告

保護植物

凡在官地內斬伐，焚燒，或損害植物皆屬違法。違者可被判罰欵二千元及監禁一年。

本港很多植物乃受特殊保護，此等植物包括農曆賀年用之吊鐘花，各類蘭花及杜鵑花。

非法售賣或持有此等植物均屬違法，違者可被判罰欵二百五十元。

漁農處高級林務專員

《林務條例》告示

者較為安全。其次為石栗（學名*Aleurites moluccana*）、鳳凰木（學名*Delonix regia*）和大葉合歡（學名*Albizia lebbeck*），但因苗木未及標準（矮小，主幹軟弱），保護支架不足以及被鄉村牲畜破壞，成效欠佳。

（四）在新建成水塘的直接集水區，植樹以防土壤沖刷，淤積水塘，引致蓄水量減少和水質下降，地點主要是九龍水塘群及剛落成的城門水塘。

1937年，譚華富（I. P. Tamworth）來港出任林務工作主管。他是首位曾接受林務專業訓練的林務主任（Forestry Officer）。[5]他重組了工作制度，並按照現代林業原則管理植林區。在1940年，全港有22平方里的政府樹林，另有81平方里的新界鄉村松山。

日本全面侵略中國後，日軍於1938年在香港東北面的大亞灣登陸，迅速佔領廣州，大批難民湧入香港，而供應香港糧食及柴薪（「西江柴」）

5 二十世紀初，英國殖民地部為統一林務官員的招聘、調派和升遷，仿傚文官的官學生（Cadet Officer）制度，設立殖民地林務官隊伍（Colonial Forest Service），譚華富即為依照此制度獲派來香港者。他 1952年調職馬來亞，與其繼任者羅伯新（A. F. Robertson）互換崗位。1960年代，本港多位林務主任，均為從非洲尼日利亞調派來香港者。

6 西江為珠江的主流，源於雲南東部，經廣西由梧州入廣東，在珠江口出海，沿途山嶺多，木材和柴薪豐富，長久以來，當地柴薪用船沿西江東下供應省港澳等地，俗稱為「西江柴」或「梧州柴」。1930 年代開始，有商人從馬來亞及北婆羅洲的山打根運柴薪來港供應，因運柴船隻多在新加坡註冊，故統稱為「坡柴」，它的柴木帶淡紅色，故又稱「紅柴」。

的運輸線被截斷，港九市區出現燃料荒，林務部奉命斬伐新界粉嶺及大埔的樹木（包括部分粉嶺高爾夫球場的樹木），由鐵路運往九龍，以濟燃眉之急，直至「西江柴」供應恢復，以及安排南洋「坡柴」輸港供應。[6]

1942 – 1945年日軍佔領香港期間，留港居民生活困苦，很多人都上山斬樹作燃料，政府樹林受到全面破壞。1943年，日軍斬伐大批九龍山脈「海港帶狀林」的樹木，用以擴建啟德飛機場作軍用。1945年初，盟軍已全面控制太平洋，日佔區原煤供應枯竭，駐港日軍當局下令斬伐港島殘餘的闊葉樹（硬木），作北角發電廠之代替燃料（松木所發的熱力難持久），以維持醫院等緊急設施供電，造成更嚴重的樹林破壞。

總而言之，香港開埠後七十年林務工作成果，在戰爭中一筆勾銷。

港島山頂地區是1870 - 1890年代的植林地段，二十世紀初發展為住宅區，其主要街道命名為「種植道」(Plantation Road)

植物標本室的建立和發展[7]

早期的植物標本採集

植物的分類，主要是根據它們的生長形態及其各部分器官（包括花、果、枝、葉）的特徵而定。野外收集的植物標本經過乾壓後，再小心地釘裝在無酸紙上，貼上有關的資料（包括採集時間、地點及採集者姓名等），然後根據分類系統分層存放在儲存櫃內，供研究者使用。他們根據這些標本以及其他資料，鑑定其品種，並將結果寫成報告在有關刊物發表，或進一步將整個地區的植物分類編寫成植物誌出版，而儲存這些標本的地方，稱為植物標本室。

科學化的植物分類學，始於近代的歐洲，隨着歐洲人在十六世紀起向外擴張，逐漸傳到世界各處，香港就是它傳入中國的主要地方。

香港植物採集史上的第一個科學記錄，始於英國艦隻琉璜號（H.M.S. Sulphur）的駐船外科醫生軒氏（R. B. Hinds），他在1841年到香港期間，於香港島上採集了140種植物標本。其後的三十年間，多位著名的植物學家[8]在香港島採集了大量植物標本，可惜這些標本都被帶離香港，直至1878年香港設立標本室後，本地才有一個正式儲存植物標本的地方。

---

7 本節資料取自黎存志、葉國樑合著，由漁農自然護理署於2008年出版的《香港植物標本室—— 130週年》。

8 包括漢斯（H. F. Hance）、福鈞（R. Fortune）、杉彼安（J. G. Champion）及夏蘭（W.A. Harland）。

1850年，英國的著名植物學者邊林（George Bentham）在英國殖民地部（Colonial Office）贊助下，將上述採自香港島的植物標本，加以鑑定和整理，編成《香港島植物誌》（*Flora Hongkongensis*）在英國出版。該書敘述了植物的分類、考察經過和香港的植被，成為香港的第一部植物誌。

香港植物標本室的建立

1871年，福特出任政府花園部監督，除管理政府花園（即植物公園，1975年改稱香港動植物公園）外，他亦負責路旁植樹和山坡植林工作，是促進植物學本地化的關鍵人物。1872年，福特在年報中建議：「政府花園是建立乾壓植物標本室的理想地點，標本室的藏品，可讓植物研究者接觸到那些很難在野外見到的植物。此外，為方便從事園藝工作的

1880年代的植物公園。香港植物標本室位於園內

人士及對植物有興趣的市民，政府也應設立一間與植物、園藝及樹木等科目有關的參考資料圖書館。

經過了一些波折，香港植物標本室終於在1878年底獲准建立，初期其館藏主要來自福特在香港和華南地區所採集的標本。其後，亦有來自多個中國東南沿海省份以及鄰近中國的國家。

香港植物標本室成立時位於眺望植物公園及維多利亞港的樓房內。一如其他熱帶地區的標本室，都面對兩大考驗：夏天的濕氣和蟲害。在潮濕的日子，標本室利用一柴爐使晚間達致乾燥的效果，以後更以煤氣爐取代以減低火險。所有標本每年會全面檢查真菌及蟲害，並定期乾曬。

在1882 – 1914年期間，香港植物標本室的人員先後多次到廣東、廣西和福建，調查當時未為外界所知的中國植物，以及探查一些經濟作物的品種來源、生長特性及利用，這些產品包括葵扇（蒲葵）（學名*Livistona chinensis*）、八角（學名*Illicium verum*）和肉桂（學名*Cinnamomum cassia*）等。福特在1903年退休前曾進行三次主要的考察，分別到過廣東和廣西的一段西江（1882）、廣東的羅浮山（1883）

---

9 香港和廣東有不少植物以他而命名，包括福氏馬兜鈴（學名*Aristolochia fordiana*）、福氏隔距蘭（學名*Cleisostoma rostratum*）、山薯（學名*Dioscorea fordii*）、廣東紫薇（學名*Lagerstroemia fordii*）、木蓮（學名*Manglietia fordiana*）、福氏臭椿（學名*Ailanthus fordii*）等。此外，他對本港園藝和農業發展亦有貢獻。

及北江（1887）[9]。其後，鄧恩（S. T. Dunn）在出任香港植物及林務部監督期間（1903–1910年），於1905年到福建進行大型考察。接替鄧恩的德邱（W. J. Tutcher）亦於擔任監督期間（1910 – 1920年），於1914年前往北江考察。有關上述考察活動的報告和結果，均於主要的植物學期刊上發表，記載的新種為數甚多。此外，這段期間還收存了其他標本，主要是中國經濟作物的模式標本[10]，例如果品、油料、香料、藥材，竹製品、紡織品等。

鄧恩和德邱編撰的《廣東及香港植物誌》（*Flora of Kwangtung and Hongkong*）是史上第二本的香港植物誌，編錄了香港不同地區生長的被子植物、裸子植物及蕨類植物（在香港記錄了1,580種）。該書對收錄品種都附有檢索表，並根據標本記錄註明其香港或廣東的採集地點，為華南地區的植物分佈情況提供較清晰的説明。

二次世界大戰期間，香港的植物研究工作全部停頓，採集植物的記錄一片空白。

10 模式標本（Type specimen）是依據《國際植物命名法規》（International Code of Botanical Nomenclature（ICBN））規定，用作發表新種學名的植物標本。其法規規定，學名和它的模式標本是永遠聯繫在一起的。描述新種的科學文獻通常都會引用模式標本，而標本的各項資料，例如採集號、標本號、採集地點及標本收藏處，一般都會在文獻列明。有關法規已於2011年7月更名為：International Code of Nomenclature for Algae, Fungi, and Plants（ICN）），簡稱《墨爾本法規》，而最新的版本為2017年出版的《深圳法規》。

香港植物標本室在1930年代已建立國際聲譽，故此其主要館藏標本得以在1941年日軍進攻香港前遷往馬來亞檳城，由星加坡植物標本室暫管。日本佔領馬、星期間，大部分有關書刊散失，但主要標本得保不失，並於戰後不久的1948年運返香港。

鄧萱祥於1948年末就任植物助理，令香港植物標本室重新開始運作；戰前他在華南植物研究所創辦人陳煥鏞教授的督導下，管理該所的植物標本館。隨著來自香港各區的標本日增，香港植物標本室的工作亦重新注入活力。鄧氏於1952年到馬來西亞北婆羅洲的Banguey島進行植物考察活動，此行所採得的標本令標本室的館藏更為充實。

自1950年代，標本室標本多採自香港各區，覆蓋全面。職員在調查及採集中更有新發現，例如在1955年於大帽山發現一種美麗的山茶科植物——大苞山茶，當時以在任港督之姓氏稱為「葛量洪茶」。該段時期，標本室曾隸屬市政事務署的花園部，至1971年才重歸漁農處林務部。

因當時未有關於本地植物種類的最新資料，香港植物標本室於1962年印發初版的《香港植物名錄》(Checklist of Hong Kong Plants)，作為過渡性措施，該本油印名錄記載了1,767個原生的維管束植物品種及24個變種。第二版於1965年印發，收錄了香港原生及引入的維管束植物，包括2,269個品種及54個變種，並記載標本室共收藏了30,000個植物標本。第三版於1966年印行，臚列在本港生長的2,346個品種及65個變種。《香港植物名錄》其後於1974、1978、1993、2004及2012年再版，並以書本形式印行。在2012年出版的《香港植物名錄》中所列的植物品種及變種的總數已增加至3,329個。這反映香港植物工作者努力不懈地發現新品種和引入具觀賞價值的植物。香港植物標本室歷年來所做的工作，確實為香港現代植物研究奠下鞏固的基礎。

二十世紀後期亦有其他以香港植物為題材的書籍出版，以市政局首三本出版的圖鑑最受歡迎，即《香港樹木》(1969年)、《香港灌木》(1972年)及《香港草本及籐本》(1974年)，彩圖由鄧萱祥拍攝。《香港樹木》第二卷(1977年)由杜詩雅(Stella L. Thrower)編著。1990年，杜詩雅編著《香港樹木彙編》，該套叢書以中英文編寫，涵蓋十多個專題和植物類別，例如喬木、灌木、草本植物、禾草及莎草、攀援狀植物、有毒植物、果實及種子、竹類、蕨類植物等，當中也包括真菌、地衣及海藻等其他非植物類別，每種附有至少有一幅彩色照片，其中不少為作者編著時曾參考香港植物標本室的館藏。

雖然有不少關於香港植物的書籍出版，但自從《廣東及香港植物誌》於1912年面世以後，一直未有新的植物誌出版。

新版香港植物誌的編製

植物誌是一套地區性的植物參考書籍，詳細而有系統地描述該地區的每種植物。除了有關植物的分類資料和形態特徵的描述外，也記述生長環境、分佈及其他相關資料。如前述《香港島植物誌》及《廣東及香港植物誌》分別於1861年及1912年出版，為本港及華南地區的植物研究工程豎立重要的里程碑。兩書絕版已久，內容亦過時。香港著名植物學家胡秀英教授早在1972年已指出香港需要編寫一本新的香港植物誌，這提議亦獲得本港植物學工作者及很多社會人士贊同。

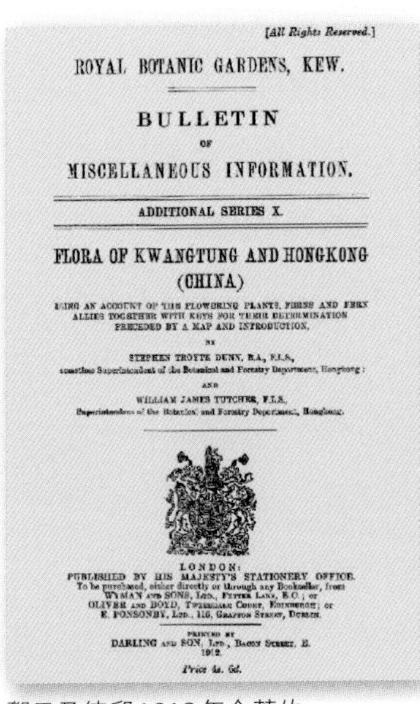

[All Rights Reserved.]

ROYAL BOTANIC GARDENS, KEW.

BULLETIN

OF

MISCELLANEOUS INFORMATION.

ADDITIONAL SERIES X.

FLORA OF KWANGTUNG AND HONGKONG (CHINA)

BEING AN ACCOUNT OF THE FLOWERING PLANTS, FERNS AND FERN ALLIES TOGETHER WITH KEYS FOR THEIR DETERMINATION PRECEDED BY A MAP AND INTRODUCTION,

BY

STEPHEN TROYTE DUNN, B.A., F.L.S.,

sometime Superintendent of the Botanical and Forestry Department, Hongkong;

AND

WILLIAM JAMES TUTCHER, F.L.S.,

Superintendent of the Botanical and Forestry Department, Hongkong.

LONDON:

PUBLISHED BY HIS MAJESTY'S STATIONERY OFFICE.

To be purchased, either directly or through any Bookseller, from WYMAN AND SONS, LTD., FETTER LANE, E.C.; or OLIVER AND BOYD, TWEEDDALE COURT, EDINBURGH; or E. PONSONBY, LTD., 116, GRAFTON STREET, DUBLIN.

PRINTED BY

DARLING AND SON, LTD., BACON STREET, E.

1912.

Price 4s. 6d.

鄧恩及德邱1912年合著的《廣東及香港植物誌》

香港植物標本室在1998 – 2003年間與華南植物研究所統籌的內地植物學者合作，對館內收藏的植物標本進行全面審定，並按新的分類系統重新排列，而其後出版的《香港植物名錄》也採用相同的系統。由於全面審定工作已奠下良好基礎，香港植物標本室在2004年展開「香港植物誌計劃」的統籌工作，目的是編纂一套最新的植物分類參考書籍，以香港植物標本室的憑證標本為基礎，有系統地描述在香港生長的植物。該項計劃由香港植物標本室、中國科學院華南植物園（前稱華南植物研究所）及本地大學的植物學家合作進行，當中包括胡秀英教授。英文版的《香港植物誌》全冊共四卷，於2007－2011年先後出版，並由政府書店（www.bookstore.gov.hk）發行銷售，出版後深得本港、海外和國內學術界及植物界人士歡迎，並於2014年獲國際植物分類學會（International Association for Plant Taxonomy）頒發恩格勒銀質獎章（Engler Medal in Silver）。

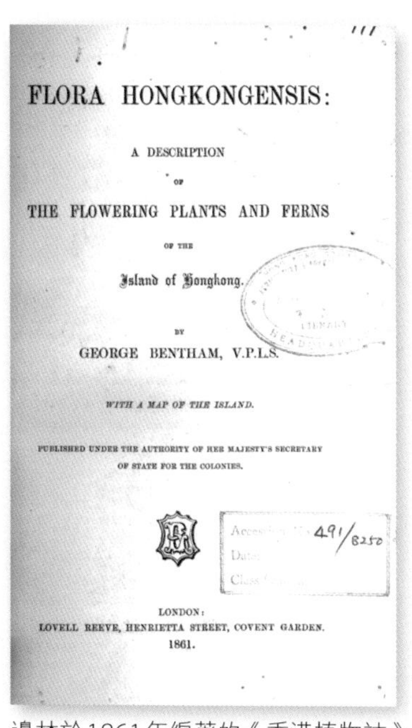
FLORA HONGKONGENSIS:

A DESCRIPTION

OF

THE FLOWERING PLANTS AND FERNS

OF THE

Island of Hongkong.

BY

GEORGE BENTHAM, V.P.L.S.

WITH A MAP OF THE ISLAND.

PUBLISHED UNDER THE AUTHORITY OF HER MAJESTY'S SECRETARY OF STATE FOR THE COLONIES.

LONDON:
LOVELL REEVE, HENRIETTA STREET, COVENT GARDEN.
1861.

邊林於1861年編著的《香港植物誌》

2007年及2015年出版的中、英文版《香港植物誌》

1962至2012年的各版《香港植物名錄》

為讓大眾更方便認識及分辨本地植物，並切合社會所需，香港植物標本室與華南植物園以英文版《香港植物誌》為基礎，根據新的植物分類資料及文獻等，再度合作編撰中文版《香港植物誌》。與英文版相比，其書除增加了香港植物新的物種和分佈紀錄，以及修訂學名外，內文更輔以豐富的繪圖及彩照，冀望此書可補足英文版的內容，特別希望為關注及研究華南地區的植物工作者提供最適切的參考資料。中文版的第一卷已於2015年出版，其餘三卷將陸續出版。

洋紫荊

標本室資料電腦化

除了以記錄香港植物為題材的書籍外，香港植物標本室所有植物標本的記錄已電腦化。資料包括每個標本的編號、學名、同義名、科名、花果期、採集者、採集的日期和地點、習性和生長環境等等。近年來，野外調查員更利用具全球定位系統的儀器對標本的採集地點作更準確的記錄，使相關的資料更容易查閱及統計。

植物標本室的模式標本選介（洋紫荊）

植物標本室服務公眾

香港植物標本室現今位於九龍長沙灣政府合署，附設的專科圖書館向公眾開放。標本室是植物研究人員的資源中心，同時，在促進市民對本地植物的認識及其保育的意識，亦發揮一定作用。市民可以索取標本室編印的教育單張，亦可瀏覽標本室網站（www.herbarium.gov.hk）內的「香港植物資料庫」，參閱超過3,300種本地植物的基本資料及照片。此外，標本室還為從事科學及教育工作的研究人員提供植物鑑定服務，並為各政府部門提供與植物有關的專業意見，及協助相關執法工作。

小結

英國佔領香港島初期，為改善市區惡劣的居住環境，在中環建立一所公眾花園，並在山嶺植樹，稍後為調查香港島及鄰近地區的植物資源，在公園內設立了一所植物標本室。

植樹工作後來推展至新界地區，以保護集水區，但林木大部分在日軍佔領時期被毀。

植物標本室館藏標本在戰爭爆發前移放馬來亞，主要標本得保不失。戰後館藏遷返香港。近年與華南植物園的專家合作，編印了新的《香港植物誌》，並獲國際植物分類研究組織的嘉許。

第3章

鄉村林業

1840–1965

二十世紀中葉以前，新界是一個農業社會，區內土地，除了農田與村落外，多是山嶺和丘陵。這些坡地及其植被的利用，與村民日常生活和生產活動，關係密切。從林業功用的角度，它可以分為兩個類型，就是：

（一）以保護為主的風水樹和風水林。

（二）以生產為主的鄉村山林。

以面積而言，前者細小，後者廣闊。

風水林[1]

風水樹和風水林，顧名思義，就是能為村落居民帶來好「風水」的樹木和森林。前者是指一棵或多棵樹冠廣闊或樹型高大的樹木；後者是指一幅面積頗大，自然生長或人工種植，包括多個品種、高矮不一的樹林。風水樹具風俗意義，風水林則兼具民俗、實用和科學價值。

據中國傳統的「風水」學說，平原上的高大樹木，可以作為堪輿佈局中的一個「單元」，用來配合屋宇群的排列，守衛村落溪流的「水口」，或抵擋某方向沖來的「煞氣」。而大樹本身是一個生長的活體（從地下吸取水份，經過幹部輸往頂部樹葉，蒸發空中），有興旺地氣的功能。

1 本節資料部分取自郊野公園之友會與漁農自然護理署於2004年聯合出版的《風水林》。

另一方面，風水學中認為山嶺是「龍脈」，亦是控制生氣與活力的據點，所以在山嶺及丘陵地區，村落依樹林而建，可得到林木帶來的好處，包括減低山洪和土崩的危害，為屋宇提供蔭蔽，茂密的樹林又可阻隔山火的蔓延，保護屋宇，緩和來自山上的風（山谷風）。此外，村民更可利用樹木的果實或枝葉提供生活所需。[2]得到這些有形或無形的好處，居民心境會感覺安寧，生活順遂。

香港風水樹和風水林的發展及分佈

漢族人於現今香港新界定居，始於宋代（十二及十三世紀），當時地廣人稀，他們都選擇到北部的平原地區立村，因四周空曠，村落周圍多建磚牆以擋風和防盜，同時在村內空地或溪流出水口種幾棵樹木作蔭蔽和守衛。故此，早期定居的宗族村落（即俗稱的「本地」），多是只有風水樹而無風水林。[3]其種類都是巨大的喬木：榕樹（學名*Ficus microcarpa*）、樟樹（學名*Cinnamomum camphora*）和木棉（學名*Bombax ceiba*）。前者樹冠大，繁殖易，壽命長，被認為「風水影響力」最強，故此數目較多。正如清初學者屈大均在《廣東新語·木語》說：「榕樹高大，廣（東）人植作風水，墟（市村）落間，榕樹多者地必興。

2 例如錫葉藤粗糙的葉面可用來打磨金屬器皿，刨花潤楠木片浸出的膠質汁液可供婦女用作固定髮型，九節（山大刀）可入藥等。

3 定居於平原地帶的大宗族包括錦田的鄧氏、雙魚河畔的侯氏、上水濕地旁的廖氏、粉嶺五圍六村的鄧氏、粉嶺的彭氏、新田的文氏及屯門的陶氏等。

木棉則高大：「其樹易長，故多合抱之幹，鬼神之所棲，風水之所藉。」樟樹則形態優美，木材與樹脂（樟腦）均具經濟價值。

清代初年（十七世紀）「遷海復界」後，本地生產停滯，官府為補充人力，增加生產，招徠大批廣東東北部各縣的客家人到來墾植。因平原耕地已多為原居的「本地」人所有，客家人唯有到較偏僻的山嶺地區開墾定居。他們依照其祖籍鄉村（多為山區）的傳統，在村後建立風水林。故此，現今香港面積較大的風水林，多位於新界東北邊境，中部的林村谷、大埔八仙嶺山區、馬鞍山四周和西貢。[4]至於在屯門區和大嶼山的鄉村風水林面積則較細小。

客家人在這些地區立村，多是選擇低坡地段，屋宇傍山而建，盡可能選擇已有次生林的地點。屋宇排列一字形，並加植樹木和果木，這兩類樹木逐漸混生成一條風水林帶，保護村落後方，很多時又在屋宇前面挖地成塘，蓄水以養魚，造成了「藏風聚氣」的風水格局。此外，在村的入口處，種植一兩棵榕樹或樟樹，「守護」村口，稱為「伯公樹」，並在樹下建神壇奉祀。有些鄉村更視之作神靈，村裡每有體弱多病的孩童，家長便把他「契」給伯公樹，希望藉神靈保護健康成長。[5]

4　面積較大的風水林包括新界東北的荔枝窩、上禾坑、木棉頭、鹿頸；林村谷的社山、蓮澳；馬鞍山一帶的梅子林、茅坪；大埔的鳳園與沙螺洞；西貢的黃竹洋與荔枝莊等。

5　1970年代屯門新市鎮發展初期，因興建快速公路需通過該處村落「泥圍」的伯公樹，故需斬伐。由於該村有一少年尚在「保護期」，需提早舉行「脫契」儀式，此事當時成為報章的花邊新聞。

1930年代屯門泥圍，圍牆內有兩株榕樹，左邊碉樓旁則有一株高大的木棉

三種最主要的「風水樹」

細葉榕

木棉（紅棉）

樟樹

梅窩白銀鄉村門旁的風水樹

粉嶺永寧村內的土地祠及榕樹。祠門有對聯「護佑一村皆廸吉，扶持千載永康寧」

新界一鄉村的「伯公樹」及神位

風水林的研究

雖然英國的植物學者在十九世紀中葉及二十世紀初對本港的風水林作了初步的調查，但有關的正式研究，到1970年代才展開。1975年，本港的杜詩雅（Stella L. Thrower）根據五個香港風水林的野外考察結果，闡述風水林的群落結構和植物物種，更指出這些樹林可能是受人類定居影響而殘存的天然原生林。1985年，廣州學者張宏達等進行香港植被的野外考察和分析，結果將香港風水林歸納為五個植物群系組。

1990年代，本港風水林研究工作有長足進步，有多位本港、中國內地和海外學者從不同角度作較深入的研究，增進了人們對這個領域的認識。[6]

鑑於風水林對本地植物研究的重要，漁農自然護理署於2002年進行全港性的風水林調查，總共考察了116個風水林，收集植物和環境資料，為風水林建立全面的數據庫，這些資料有助以宏觀性的角度去評估風水林的生態價值，從而定出值得保護的地點，以便在制定保育措施時作為參考。另一方面，又編印了一本名為《風水林》的科普書籍，提高市民對這方面的認識。

6 有關學者及其研究重點包括：莊雪影研究香港不同林區的自然演替，分析風水林，低地次生林和高地次生林的異同。韋伯（Richard Webb）從文化、社會風俗和植物學的角度，透過口述歷史和野外調查，詳細描繪香港風水林的人文和生態面貌。隨後，邢福武和朱永興為香港大學在全港112個風水林進行考察，共錄得567種維管束植物，包括18種香港新紀錄物種。

風水林的結構和植物品種

風水林因長期受保護，所以樹木、灌木、藤本及草本混生成鬱閉狀態，但隨著年齡的增長，整個樹林演替成層狀結構，其層次及植物品種如下：

層次		主要植物物種
喬木層	上	黃桐、木荷（兩者常突出於整個樹林頂部）
	下	假蘋婆、樟樹、土沉香、浙江潤楠、肉實樹、韓氏蒲桃、臀果木、鵝掌柴（鴨腳木）（常有攀緣植物和苔蘚植物附生）
灌木層		九節、羅傘樹
草本層及地被層		草本植物和蕨類植物

風水林的垂直成層現象

從平面來看，喬木都長於林的內部，灌木和草本植物則位於林帶的邊緣。人工種植的果樹多位於接近屋宇的地方，作為風水林的延展部分。必須指出，廣東省很多鄉村的風水林多有高大的竹樹叢，村民時伐之作多種用途，但本港則少見。至於整個風水林的面積，則因村落位置的地理形勢、立村歷史的長短而不同，平均為一公頃，最小的為500平方米。

風水林的保育

風水林不僅是華南地區獨有的自然景觀，也是原生森林的參照，因此在文化傳承和植物研究的角度，均有相當的保育價值。

現時，所有政府土地上的樹林，包括大部分的風水林，都受《林區及郊區條例》的保護。一些位於郊野公園範圍內的風水林（如城門風水林）更受《郊野公園條例》的保護。數個較為重要的風水林早已列為「具特殊科學價值地點」，以突顯其重要性，確保在這些地點或其附近地方有發展計劃時，有關當局能慎重考慮自然保育的因素。此外，根據《城市規劃條例》，大部分鄉鎮的土地已劃分作不同用途，而村落背後的風水林，一般會劃為自然保育區或綠化地帶，藉以保存自然景觀。例如，1980年代沙田新市鎮規劃時，「沙田海」（舊稱「潮水灣」，Tide Cove）中的圓洲角小島（「王屋」的風水林）劃為自然保育區，現已成為沙田市東部的「市肺」和「綠洲」。

儘管風水林已得到一定的法例保障，卻依然面臨威脅。傳統上村民會因為風水林理由而保護這些林地，但就保存或發展而出現的爭拗如今屢見不鮮。風水林緊貼村落後方，林邊的樹木或會因興建房屋、車道或斜坡工程而遭破壞。

近年，因城市發展和人口增長引起的「覓地建屋」問題，更加深了對鄉郊自然保育地帶的威脅。至於在經濟發展和自然保育兩者之間，政府在決策時須作適當的平衡。

鄉村山林

昔日村落附近的山嶺和丘陵地區，除了風水林和零散的小塊旱田外，都可歸入「鄉村山林」。它大多是土壤貧瘠，植被稀薄，多為草叢，間中有稀疏而大小不一的松樹（馬尾松，學名*Pinus massoniana*）和矮小的灌木叢散佈。在較蔭蔽的山谷，則有較濃密的灌木和攀緣性植物。這些鄉村山林，為村民提供多種用途，包括：放牧（役牛）、捕獵鳥獸、斬伐柴草、生產小型木材、燒炭、採藥、打石及殮葬等。

雖然這些山林與鄉村居民的日常生活關係密切，但在清朝時代，官府似乎並沒有直接管理和課稅。實際上，它的使用是受當地宗族父老或大地主所支配或影響。

1819年（清·嘉慶）《新安縣志》卷八〈經政·田賦〉，列出鄉村土地分為十一類課税：田、地、山、塘、湖、陂、海、溪、涌、坦及荫。其中「田」的面積為三千七百六十頃零三十三分一厘四毫，而「山」的面積僅為一十二頃四十七畝七分一厘三毫。按新安縣的地理形勢（山多平地少），「山」的面積應比「田」多幾倍，上列則兩者相反。由此推論，所列的「山」是指種植果樹或經濟作物的低坡地。亦即是説，官府對用作採薪、放牧等山林沒有課税。再者，新界租借後，港英政府整理土地業權時，亦無鄉民交出清政府收取有關採薪山地税款收據，增強上述推論的可信性。

昔日農村傳統，各鄉村都「擁有」其附近山地的使用權，由村中父老分配給各戶。人口較多或勢力較大的宗族，其「控制」的範圍更廣，這種權益可傳給其後代。如有新人口移入附近，新到者要到較遠的山地割草放牧。貧窮家庭需借錢時，可用他們割草斬柴的山地作抵押。[7]

---

7 雖然鄉村山林所覆蓋的山嶺地段是「官地」（政府地），但在新界原居民的觀念中，它是「鄉村傳統利益」，可以變賣或抵押。在新界租借前如此，租借後初期亦然。1950 – 1980年代，曾先後出任新界理民官及署長的許舒博士，任內曾收到兩份青衣鄉事委員會副主席送給他作參考的舊契約，正反映了這事實。第一份為1869年（新界租借前），青衣島上的一幅面積廣大的松山，售價五十五銀圓。第二份為1896年（新界租借前兩年），青衣島上的另一幅松山，以十八銀圓按給別村人士。到1913年（新界租借後十五年）贖還，除本金外，加還利息。（原載於J. W. Hayes（許舒）: “The Rural Communities of Hong Kong —— Studies and Themes”. Oxford University Press. Hong Kong, 1983. Appendix 7 Hill Land, pp. 213- 215）

八鄉馬鞍崗村的風水林，阻截了昔日大欖涌山火，村屋因而免受波及（1960年代初期）

荔枝窩風水林

放牧於鄉村山林的黃牛

大埔林村蓮澳的風水林（1990年代）

有些情形，宗族的父老可將族中山地的日常管理工作，如斬柴、割草和種植松樹等，「判」（分派）給一兩戶族人（通常是耕地不足者），每年分期給予若干稻穀作薪酬。

柴草與木炭的使用[8]

鄉村居民的柴草需求，大都自給自足。通常煮飯炒菜用活動風爐，以柴作燃料，煮「豬潲」（飼料）則用固定的大灶，放入大生鐵鍋，以松枝、雜草和芒萁（蕨類植物）作燃料。但在山嶺地區的村民，很多時以斬伐柴薪為副業，將收穫肩挑送往用戶，或到附近的墟市售賣。按照客戶的需要，當時的柴，有「松柴」和「雜柴」之分，松柴是從新界居民納稅之松山斬伐得來。雜柴則從深山野嶺斬伐各種灌木而來，因「扭紋柴」較多，故價錢稍平。柴的「規格」亦有分別。賣給水上人的，都斬成短截，以適合艇上用的小灶。賣給墟內居民的，則長短中等。賣給「灶戶」煮鹽用的都是較長和粗的，以求耐燃。亦有商販到鄉村收購，用艇運往香港島和九龍市區轉售。

8　資料來源：
(a) J. W. Hayes（許舒）: "Charcoal Burning in Hong Kong", Journal of the Hong Kong Branch of the Royal Asiatic Society, Vol. 11, 1971, pp.199–203.
(b) 邱東：〈燃料進化史〉載於《新界風物與民情》，三聯書店（香港），1992年，第166 – 167頁。
(c) Richard Webb: "The Use of Hill Land for Village forestry and fuel gathering in the New Territories of Hong Kong". Journal of the Hong Kong Branch of the Royal Asiatic Society. Vol. 35, 1995, pp. 143 – 154.
(d) 饒玖才：〈柴和炭〉，載於《香港舊風物》，天地圖書（香港），2003年，第85 – 91頁。

有些鄉民經常以柴薪供應灰窰或瓦窰經營者作燃料。而山草則賣給水上人作「燂船」——用燃燒着的草束燒炙木船底部外殼，以清除附着的貝類小動物。

炭是用木材在氧氣不足的情況下加熱而製成的「高級燃料」，其加工過程分三階段：第一階段是乾燥——加熱使木材內的水份蒸發。第二階段持續加熱至260 – 300℃，使木材組織解體，此時放出黑色的煙。第三階段冷卻，木材組織炭化，放出藍色的煙，體積減至原40%左右，主要在橫切面縮細，直線面維持不變。冷卻通常在24 – 48小時左右完成。

在廣東地區，製炭的方式是在山坡上築建簡陋的窰，窰高約3米，內部直徑約2米，壁用泥漿和石塊砌成，頂有小孔通氣，下部有小門，以放入柴枝。築成後，就地取材，斬伐附近的樹木，截成小塊，放入窰中堆好；加熱燒至300℃左右，然後封窰門，使木塊在空氣不足的情況下轉化為炭，製成後運到墟市售賣，或集中供應商戶之後外運。因重量比柴薪輕，所以搬運較易，價值也較高。製炭以闊葉樹的木料較適宜，所產品質較佳，而松樹製的較次（易碎）。以老齡灌木樹頭所燒成的最「耐火」，適宜作燒臘和鍛鐵之用。

斬柴和燒炭有一個不同之處，前者是當地居民的生產活動，所得主要自用。而從事後者的多為外來的「專業戶」，所產主要外銷謀利。他們穿州過縣，每到一地，勾結當地豪強，或以小利引誘村民，讓其在當地斬樹燒炭。當該處樹木斬光後，便移往另一村落。所經之處，遺下禿山焦土。這種掠奪式的生產活動，早已為有識之士所詬病。清代史學家顧炎武在《天下郡國利病書》卷九十八中，談及廣東從化縣因濫墾和燒炭的後果時說：「溪流地方、深山綿亙，樹林翳茂，居民以為潤山場，二百年斧斤不入。（明）萬曆之季……異方無賴，燒炭利市，煙燄燻天，在在有之……不數年，群山盡赭，山木既盡，無以縮（蓄）水，溪流漸涸，田裡多荒。奸民叨一時小利，而貽不可救之大害。」又清·康熙《香山縣志》也指出：「故香山（即廣東中山）自梅花以東，南台以南，多深山大林，或窮日行，里翠蒙蒙，杳無人跡。（明）嘉靖中，異縣豪右，糾集鄉民，無所不到，其巨木以為材，其雜木以為炭，獲利甚富，趨者日眾，台以南山漸童，而焚炭之氣，與日爭赭矣。」燒炭活動在廣東其他地區亦頗普遍。清末廣東學者陳坤，就寫了一首《嶺南雜事竹枝詞》，指出鄉村山林燒炭後破敗情況，並慨嘆忽視保護水土的後果：

雲林無復影蒼蒼，突兀童山起悵望。

關係民生休戚重，水源木本計從長。

他並說：「近時嘉應大埔（即今廣東梅州）一帶，亦復如是，不但水無所蓄，抑且流沙下壅，河道易淤，一遇驟漲，勢必泛濫，水利廢則水患多，有心人能無早計耶？」

雖然1819年的嘉慶《新安縣志》並沒有關於本地燒炭的記錄，但從二十世紀本港的書刊中，亦可知道其大概。

1931年，港府新界南約理民官史高菲（W. Schofield，業餘考古學家），在香港仔水塘主壩附近山坡，發現了幾個卵狀的泥質建築物，高約3米，底的內部直徑約2米，壁用泥土及碎石造成，厚約8厘米，並無門和窗，建築物前面，都有小塊平地，經過研究後認為這些都是昔日的炭窰。[9]

在1951年出版的《*The Hong Kong Countryside Throughout the Seasons*》（《野外香港歲時記》）作者香樂思博士（Dr. G. A. C. Herklots）在《Walks and Climbs》（《遠足與攀山》）一節中亦指出，他曾在港島大潭及香港仔水塘一帶，見過上述相似的窰，其中有些在兩窰上部有孔道相連，使燒炭時熱力相通，而近地面處有矮小的門，人俯下可爬入內。從上面兩則記錄，可知在十九世紀前，港島亦有人從事燒

9 資料來源：
(a) W.Schofield（史高菲）: "*Memories of the District Office South, New Territories of Hong Kong*". Journal of the Hong Kong Branch of the Royal Asiatic Society, Vol. 17, 1977, pp. 144–156.
(b) W.Schofield（史高菲）: "*The Islands Around Hong Kong*", Journal of the Hong Kong Branch of the Royal Asiatic Society, Vol. 23, 1983, pp. 90–111.

炭。當時，英國人形容香港島為「Barren Rock」，燒炭其實是「罪魁」之一！

1957年，當時任新界南約理民官的許舒（J. W. Hayes），曾在其負責的地區，作了一項昔日燒炭活動的調查，證實南大嶼山的塘福、水口附近；南丫島的模達、東澳和榕樹塱一帶，以及九龍石梨貝水塘集水區，均有炭窰遺址。他並從訪問當地年長的居民中，得悉在十九世紀末，從事燒炭的，都是「外來人」，他們通常在離村較遠，樹木較多的山坡上作業。他們通常亦僱用當地村民斬柴及挑炭往海邊，用船運往市區發售。

資深本土旅行家梁煦華在1980 年代的《野外》雜誌中報道，1970年左右，他領隊往西貢十四鄉行山時，在大洞禾寮附近半山，發現幾個用碎石砌成的炭窰。當時窰的結構仍頗完整，故相信其年代不遠。他並拍下相片作記錄。

西貢十四鄉山區炭窰遺址

在1994年出版的區議會刊物《西貢風貌》中有一篇題為〈山頂有座大炭窰〉文章報道，二十世紀初，有一個叫做何心的「炭匠」，在大浪西灣後面的山上築了一座大炭窰，每天燒炭，產品用水路運出市區售賣，而當地村民，則受僱斬柴和運炭，工資微薄。此外，新界大埔鄉彥邱東在《新界風物與民情》指出，沙田的火炭村，昔日亦為產炭的地方。西貢北約大坦附近，亦有「燒炭笏」的地名。由此可知，新界很多山區，以前均有燒炭活動。

新界租借前後柴薪供應港九情況

十九世紀後期，香港島及南九龍已發展成頗為繁盛的市區，人口高達25萬。糧食與柴薪，是居民日常生活必需品，除了從中國內地經水路直接輸往港島外，近在咫尺的新界南部（當時仍屬「華界」），亦成為重要的供應地區。而相關活動也促進了當地農村經濟的發展。有關該段時期的情況，港英政府官員的報告和個人回憶錄，以及1980年代中文大學歷史學者在新界所著的口述歷史中，都有零散的記錄[10]，現綜合敘述如下。

首要的供應區，是青衣島和荃灣，因該兩地水運方便。當地鄉民斬伐的柴薪，賣給柴草商販，用風帆推動的木船運往港島西環。木船長五丈，闊二丈，每船可載草約40擔（因草的體積較大），柴則50–60擔，稱

10 資料來源：
(a) J.W. Hayes（許舒）：“*The Great Difference: Hong Kong's New Territories and Its people, 1898–2004*”（《新界百年史》），中華書局（香港），2016.
(b) D. Faure（科大衛）：“*Notes on History of Tsuen Wan*”, Journal of the Hong Kong Branch of the Royal Asiatic Society, Vol. 24, 1984, pp. 46–95.

為「草船」或「柴船」，每天來往荃灣和港島兩三次、亦有少部分沿葵涌海傍運往深水埗（當時為中英分界線），供應旺角和油麻地。柴草供應港九，是因為1870 – 1890年代，西環和深水埗海旁設有多所小灰窰（方便供應市區建築用途），其後因城市發展而遷入新界。

第二個供應區，是沙田谷及飛鵝嶺一帶鄉村，柴薪分別經沙田坳與割草坳肩挑至九龍城擺賣。

挑着斬獲松枝歸村的樵婦（1950 年代）

第三個供應區是清水灣和蠔涌一帶鄉村，柴薪肩挑至坑口，用船運至港島筲箕灣。

像其他農產交易一樣，當時柴薪買賣也是用「公秤」制度，由地方團體派人主持，每次交易均按數量抽取少量佣金，作地方公益用途。故此，交易地點都在廟宇或慈善機構旁，例如深水埗交易地點在武帝廟（今海壇街與南昌街交匯處），九龍城則在打鐵街樂善堂（今擴建為樂善道）。

至於新界北部的柴薪，在1930年代大埔公路和青山公路建成前，只在區內墟市（大埔、石湖、元朗等）擺賣，並無供應港九市區。

供應各種用途的柴薪

市區家庭使用的「標準柴薪」，長度、厚薄適中，用竹篾束好，由柴鋪工人送上戶（1920年代）

燒磚瓦窰用的粗長柴枝

西貢馬鞍山黃竹洋村的曬柴場（1950年代）

1898年，英國租借新界時，接收專員駱克（J. Steward Lockhart，港英輔政司）在他所寫的《香港殖民地展拓界址報告書》(俗稱《駱克報告書》) 中〈產業〉一節説：「……還有栽種松樹，砍下來作柴用，是一項重要的輸出品。」反映了當時柴薪對農村經濟和港九市民生活的重要性。

「松山牌照」制度的建立

新界租借前幾個月，港九及新界謠言四起，主要説英國接管後，將沒收當地居民的田地及山坡生長中的樹木，引致鄉民紛紛斬伐他們的樹木，以免損失。為安定人心，港英政府決定設立「松山牌照」(Forestry Licence) 制度，將居民沿用的山地權益「合法化」，但需每年按面積繳交少許牌費，政府只保留准許斬伐貴重木材（如樟樹）的許可權。在原居民的立場，新制度對他們有利，因為以前各村「控制」的山林，只屬「傳統利益」，並無正式官方許可，故願意接受。

1904年，新界理民府共發出超過300個松山牌照，每個面積大小不一（宗族或個人），總面積為59,000英畝 (acres)，每年牌費為每10英畝港幣1元。據1920年代南約理民府的報告[11]，其中最大的位於大嶼山東涌，該處除松樹外，當時尚有不少土沉香樹。有關牌照的規則，在1905年的政府公告 (Government Notification) 第109號發佈。規則

11 W. Schofield（史高菲）: "*The Islands Around Hong Kong*", Journal of the Hong Kong Branch of the Royal Asiatic Society, Vol. 23, 1983, pp. 89.

內有補償條款，適用於需要使用牌照土地的公用事業公司和政府本身。

松山牌照的範圍，大部分都沿用舊日鄉村山林的界線，只有少部分依地形（山脊、水坑）修改。劃界工作由理民政府派出土地丈量員（Land Demarcator，村民俗稱之為「地嘜」）會同有關村代表實地商討，各方同意後繪平面圖記錄（並無經過機械儀器測量），另外在實地上以短木柱作標記，兩木柱間灑上石灰粉作界線。這種標記並不耐用，故鄉村間時有糾紛。只有極少數鄉村，如沙田山區的梅子林村，村民以打石為副業者，自用小石塊刻姓氏豎立為記。

松山牌照制度推出後，雖然遏止了濫伐之風，但對新界鄉村附近山坡天然植被的改善，以及植林工作推展，幫助不大。鄉民基本上依賴松樹天然播種來「重植」，只有少部分是穴播松籽以更新松林，用幼苗移植以建立樹林者更稀。當時，鄉民在植林和育林工作中有兩個通病：

（一）種植的松樹株距過闊，令橫枝較粗大，以達「增產」柴薪之目的。另一方面，草類可以在樹株間生長，供役牛食用。其後果卻是令整個樹林生長不良。

（二）過早或過度截取橫枝，以「促進」樹幹長高，同時截枝工具和方式不當，令橫枝餘部留在主幹內，劣化木材，或令全株發育不良，易為病菌蟲害入侵。

很明顯，這是鄉民未認識正確的林業管理方法，也反映林務人員沒有做好示範和指導工作的結果。

日軍佔領香港期間，鄉民生活困苦，鄉村山林被斬伐無遺，而光復後的新界也落得禿山處處。

戰後的發展

1945年香港重光，市區滿目瘡痍，新界則禿山處處，由於需要重新植林的區域廣闊，當局決定雙管齊下，一方面由林務部員工負責集水區植林區內的重植工作，另一方面則推行「鄉村植林計劃」，協助鄉民重植村落附近（參考第四章第一段）的山地。鑑於上述的教訓，特別在當時林務政策中定出一項鼓勵新界鄉民採用正確的育林方法。為執行是項工作，林務部招聘了一名在國內有農村植林經驗的人員，專責其事，具體工作包括：

（一）在新界東、西（西貢蕉坑、屯門楊小坑）兩處，各建立一個小型模範林，示範各品種的樹木、育苗、移植和育林的正確方法。

（二）免費供應樹苗或種子，給鄉民在松山牌照地區種植。

（三）協助鄉民銷售幼松作聖誕樹或其他用途，賺取經濟利益。而在偏僻地區，更僱用村民作林業散工，增加他們的家庭收入。

故此，1950 – 1960年，是新界鄉村植林的興盛時期，當時新界民政署將松山牌照，按用途分為兩類收費：

（一）植林（Tree Cropping）。

（二）放牧與割草（Unimproved grazing and grass cutting）。

不過，從1960年開始，新界鄉村子弟紛紛轉往市區工作，或遠赴西歐各國從事餐飲業，鄉村松林因乏人照顧而荒廢。另一方面，城市居民逐漸改用液體或氣體燃料，柴薪已失去市場[12]，鄉村林業最終退出地方歷史舞台。

小結

新界的鄉村林業包括兩個部分：一為鄉民提供心靈上的安寧和屋宇保護的「風水樹」和「風水林」；一為提供柴薪、木材和放牧利益的「鄉村山林」，兩者均為「傳統利益」。新界租借後，前者繼續得到當地居民及政府的保護，近年更被視為文化遺產民俗及科學研究資源。後者則演變為「鄉村松山」制度，在戰後初期曾有一個短暫的發展，但隨着當地鄉民移居城市或海外工作，以及液體燃料的普及而式微。

12 1969 年，港府工商業管理處處長説：「煤炭和柴薪已不再重要」，並且「已採取措施，把它從『儲備商品』名單中剔除」。

給新界農民們！

種松謀生的故事

介紹種松和經營松山的方法

Your Copy

"The Story of Livelihood Out of Pine Plantation"

The Booklet for Foresty Lot Owners in N.T.

Prepared by D.A.F.F., Forestry Division

農林漁業管理處印行

8.

鍾枝在青山林場做過幾個月散工後，對於種松的方法已經很清楚，他決意想在自己松山上開始種松，當鍾枝在林場幫工時已聽到農林處提倡造林并協助各村松山植松的計劃。他因此就去看林務技士，說明他願意參加農林處植林計劃，以完成他松山造林的願望。林務技士對鍾枝說：「我們很歡迎你參加，農林處是最願協助民有松山植松，我先同你去看看你的松山，如果你的松山土質好，還可種些快大的樹種；像大葉按樹（俗稱紅心膠）和木麻黃（俗稱馬尾松）比單種松樹有利多了，鍾枝聽了非常興奮，便陪同林務技士去看他的松山。

— 8 —

介紹「鄉村植林計劃」的小冊子（1954年製作）

管理不善的鄉村松林——過早截取橫枝，樹木彎曲瘦弱。林下松針及雜草被割除作燃料，原生灌木無法成長（八鄉河背村松山，1960年代）。

第4章

植林區的復原與擴展

1946–1960

復原時期（1946－1952年）

1945年8月，日本投降，香港重光。經過戰爭和淪陷期間的破壞，市區滿目瘡痍，郊野禿山處處。1946年期間，因進口柴薪供應未完全恢復，故本港山野非法斬伐樹木情況仍然繼續，整體植被受到進一步的破壞。植林方面，由於本地缺乏馬尾松母樹，能採集的種子數量少，而內地松籽供應也不足，故只能小規模地進行。在這樣的形勢下，政府訂立了下列以護林為首要的林務政策：[1]

（一）保護全港山嶺，特別是水塘集水區的全部植物，以防止土壤沖刷，引致水塘及引水道淤塞。

（二）重植戰時及戰後初期（1941–1946年）被毀的林木，集水區內者優先處理。

（三）鼓勵新界村民採用適當的林業工作方法。

（四）在適當地點進行美化植樹。

該段時期的具體工作分述如下：

護林工作

護林是首要任務。當時執行人員達100名，約為全體林務員工之半。保護重點是整個港島和九龍北面的水塘集水區。他們以2－3人為一組，利用戰時遺下在公路交匯處的軍用哨站作據點，巡邏附近山嶺。與此同

1　載於農林漁業管理處1950－1951年年度報告第149節。

時，新界有一隊配備貨車及電訊器材的「突擊隊」，專責應付從寶安縣各地（今深圳地區）跨境而來的「斬柴幫」（當時中港邊界並無出入境管制）。由於柴薪價格頗高，每擔（一百斤）售港幣2.5 – 3元，而當時本港街頭散工日薪只有港幣1.5元，故斬柴工作具吸引力。

另一方面，經常有小販到山野挖取幾種灌木，如水橫枝、羅漢松、雀梅籐及多種榕樹，修剪後培育為盆景售賣，以謀生計。農曆新年前，更有花販到山嶺大量斬伐野生吊鐘花（學名*Enkianthus quinqueflorus*），作為年花出售。此外，亦有市民或小販到郊野摘取多種植物作生草藥、自用或售賣，增加對郊野植物的破壞。

昔日農曆新年前常被偷伐作「年花」出售的野生吊鐘花

為提高護林的成效，政府於1948年引用《公安條例》(Public Order Ordinance)，禁止公眾進入水塘及鄰近地區，以截斷偷伐者運柴薪的通道。實施後雖有成效，但引起公眾不便。

1949年末，中國大陸政權更易，大批難民湧入香港，增添護林工作的困難。第一，難民缺乏居所，紛紛在市區邊緣的山坡蓋搭木屋，開闢地盤時少不免鏟除草木，或斬伐樹木作支架。第二，當時適逢國際市場鎢砂和鐵砂價格高漲，礦商投資在新界開採鎢礦，主要在大帽山西麓（上、下花山）及沙田針山。鐵礦則在馬鞍山，很多難民應募採礦，在礦坑附近聚眾而居，伐木而炊。另一方面，礦商為減低成本，私下鼓勵礦工偷伐山上樹幹，供應作礦洞支架，令破壞更趨嚴重。最後由礦務處限令礦商必需用購入的木材作礦洞支架，並供應入口柴薪給礦工，風波才平息。

第三，廣東解放初期，原有供應香港樟木及雜木的運輸線中斷，令本港傢俬廠、船排及木模作坊[2]缺乏原料生產。木材商販唯有到新界搜購風水林中的樟樹及闊葉樹雜木。最嚴重的一宗，是在粉嶺鶴藪谷，他們賄賂地方人士，讓其斬伐風水林中的大樟樹運走，經護林人員偵查後拘控，法庭以《林務條例》的有關條款定罪，並處以最高罰款——港幣2,000元，當時是一個頗大的數目。同時期，不少鄉郊的闊葉樹，如木荷、秋楓和荔枝，因木材較堅實而被盜伐。[3]

2 船排是建造和維修漁船的廠房。舊式木殼漁船的若干部分，需用結實的木材來建造，樟樹為其中之一。木模作坊是製造木鞋模、中式餅模及婦女高踭鞋的地方，所用木材需要一定硬度，通常都是生長較慢的闊葉樹。

3 上述事件後，為照顧新界鄉民公益，以及地方建設資金的需要，新界民政署與林務當局磋商後，同意並准許村民斬伐超過成熟期的有經濟價值樹木（包括樟樹），但規定要補植幼樹（農林漁業管理處1952 – 1953年年度報告第199節）。

據統計數字，1948 – 1953年，每年平均檢控非法斬伐樹木或挖取植物的案件達1,000宗。

至於本港進口的柴炭，在1952年到達歷史高峰，其統計數字如下（原載於農林漁業管理處1952 – 1953年年報之附錄丁）：

	重量 (Cwt*)（淨入口）	價值（港元）	來源地區	百分比 (%)
柴	4,496,236	$22,560,775	中國內地	15%
			馬來亞	38%
			北婆羅洲	46%
			其他地區	1%
炭	505,829	$7,450,547	中國內地	7%
			馬來亞	91%
			北婆羅洲	1%
			其他地區	1%
	總值：	$30,011,322		

*Cwt (Hundred weight) 是昔日的英國度量衡，英擔，等於112磅 (lb)。

1955年開始，使用液體燃料（如火水）作家庭燃料日漸普遍，柴薪供應不再成為社會問題。另一方面，市民以吊鐘作為年花的廣東傳統，也逐漸被人工培植的桃花代替，年青一代也很少用山草藥，破壞野生植物的行為因此逐漸減少。

植林工作

種植的品種仍以馬尾松為主。一般品種，在移植上山後的頭幾年，因生長較慢，易被雜草掩蓋，如不及時除草，難以健康長大，馬尾松卻不同，栽在草叢中，仍能夠生長。兩三年後，積聚了一定的養份後，便能迅速地成長起來。因此，昔日造林的人常說：「前三年，人不見。後三年，不見人。」就是指松樹植後五、六年，就可長到一個人左右的高度，故有「先鋒樹」之稱。

由於需要重新植林的面積廣闊，所以，戰後初期採用最「便捷」的方法——撒播松籽。當時本港能採集的松籽數量有限，故主要從廣東省購入，其來源既混雜，質量亦無保證。台灣雖有供應，但數量不多。

撒播通常在春季進行，首先提前幾天放火燒除植地草木（其目的是使播下的松籽與泥土接觸，吸取水份，同時亦減少松籽發芽後被雜草遮蓋），然後用人手撒播。這種做法的缺點是有部分播下的松籽被雀鳥啄食，或被雨水沖至坡下聚集叢生，存活率低，而且分佈不均，需要補植，整體成效欠佳。

其後幾年，改用穴播松籽及移松苗方法，雖費較多人力，但成活率高，幼苗排列整齊，方便日後育林。

除松樹外，亦有種植少量其他品種，包括華南的一種主要產木材品種——杉木（學名*Cunninghamia lanceolata*）。不過，它在本港的生長並不理想。另一種是華南和華中的產油樹種——油桐（學名*Vernicia fordii*），詳情載於《附錄一》。而外來品種包括多種桉樹及木麻黃，它們的種子都是體積細小，需要在苗圃育苗後才移植。當時只有荔枝角和大埔滘兩個細小的苗圃，而且都是採用在苗牀播種子而育成的幼苗，雨季開始時從苗牀挖取，以「露根苗」方式上山定植，由於成活率受降雨量分佈影響而欠穩定，故拖慢了植林的進度。

為提高苗木的質素及移植的成活率，林務部於1947年從澳洲新南威爾斯省引入「筒裝苗培育法」，苗筒最初是用薄鐵皮製成，後來改用較輕便的物料。此法比用露根苗成本較高，搬運也較費力、但成活率高，幼樹發育良好，故此後成為本港育苗和植樹的主要方式。

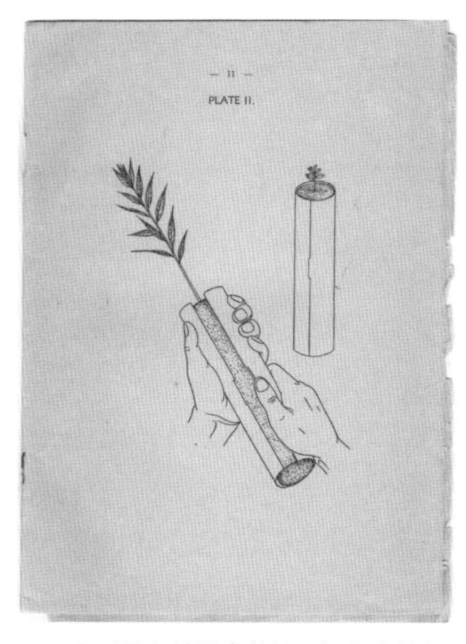

1948年引進的筒裝育苗法，初期的外殼用薄鐵皮製造

重整和擴展（1953 – 1960年）

行政架構的改變

戰後初期（1946 – 1949年），林務部隸屬於輔政司署的發展司（Secretary for Development），[4]司長由生物學者香樂思博士（Dr. G. A. C. Herklots）擔任。他在1928年來港任教香港大學，從事漁業研究。日軍進攻香港前，獲政府委任統籌全港糧食儲備及分配工作。戰後，他再被委以重任，掌管全港的初級產業。1949年，他離港返英，負責英國海外屬地的農業發展工作。

1950年，港府將管理初級產業的三個小部門：農業、漁業及林業合併，組成農林漁業管理處（Department of Agriculture, Fisheries and Forestry）。成立初期由政務官掌管，後改由專業官員主理。花園組（Gardens Division）則逐步撥歸市政事務處（Urban Services Department）管轄。

1952年，在英國殖民地部安排下，香港林務工作的主管（當時仍然是林務主任級別），與馬來亞林務部一位同級官員互調崗位，目的是使兩地工作經驗交流，為發展方向注入新思維。該年底，羅伯新（A. F. Robertson）抵港接替譚華富。香港的林務工作發展進入一個新階段。

4　當時此職位是負責初級產業的發展，而非指工商業的發展。除管理農、漁、林業外，尚包括花園部與礦務部，花園部於1954年撥入市政事務處。

香港林業行政架構的創立、變遷和發展示意圖（1870年至今）

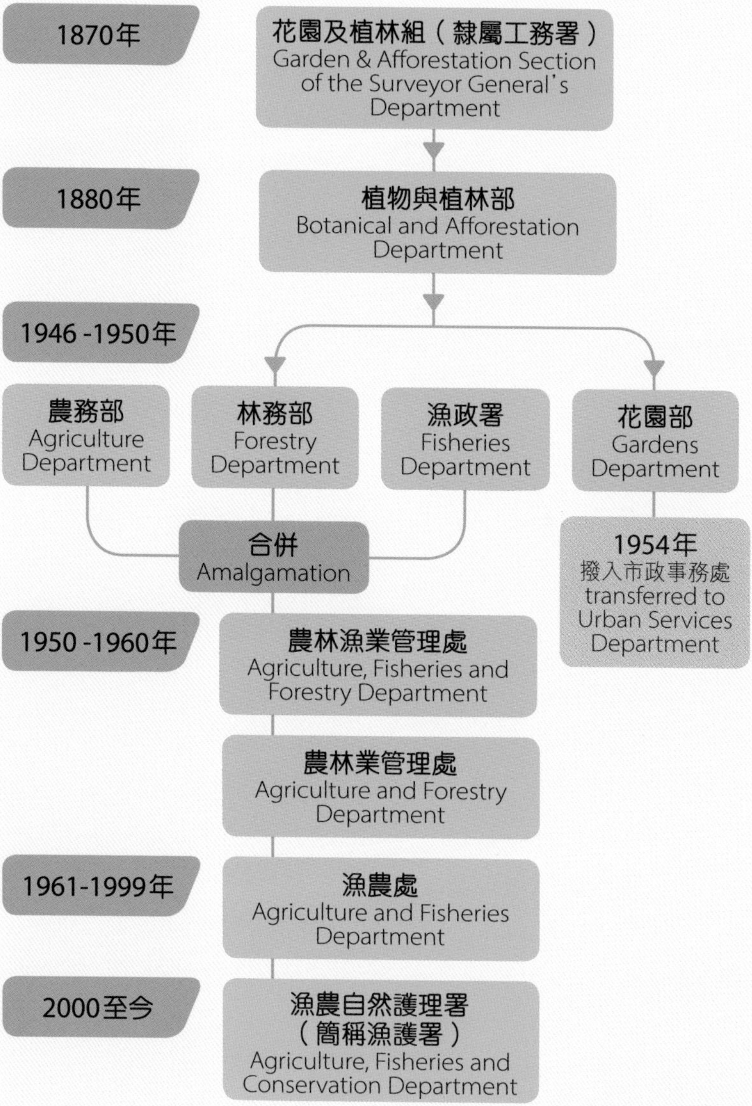

1870年
花園及植林組（隸屬工務署）
Garden & Afforestation Section of the Surveyor General's Department

1880年
植物與植林部
Botanical and Afforestation Department

1946-1950年
農務部
Agriculture Department
林務部
Forestry Department
漁政署
Fisheries Department
花園部
Gardens Department

合併
Amalgamation

1954年
撥入市政事務處
transferred to Urban Services Department

1950-1960年
農林漁業管理處
Agriculture, Fisheries and Forestry Department

農林業管理處
Agriculture and Forestry Department

1961-1999年
漁農處
Agriculture and Fisheries Department

2000至今
漁農自然護理署
（簡稱漁護署）
Agriculture, Fisheries and Conservation Department

新形勢下的林務政策[5]

1953年，植被在戰時受到的破壞已初步修復。同時，政府為應付人口增加而引起的食水供應問題興建大欖涌水塘，其集水區位於新界中西部，正是全港土壤沖刷最嚴重的區域。另一方面，農田水源因建水塘而被截，農作受影響需另建灌溉水塘，而其附近亦需植林，這些工程既為村民提供工作機會，亦作為一種「補償」。

基於上述情況，羅伯新向港府提出以擴大植林為主體的新林務政策及實施計劃：

（一）在全港未有其他用途的荒山，進行植林，以保護泥土，防止土壤沖刷，既可保護及改善水源，也可防止水災及溪流淤塞。

（二）採用良好的林業管理，以持續地生產最大數量的燃料、木桿及小木材，供新界鄉民使用。

（三）鼓勵私人林業，並協助新界鄉民建立鄉村樹林，享受應得的成果。

（四）保護所有水塘集水區、全部植林區及整個香港島的植物，以優化景觀。

（五）在有需要的地點，進行美化植樹。

立法局經過討論後，批准新政策，政府隨即制定預算，撥款執行。該段

5　全文見於《香港林務工作的回顧及新政策提議》（*A Review of Forestry in Hong Kong with Policy Recommendations*, Government Printer, 1953）。

時期，香港整體經濟規模尚細，庫房資源並不充裕，港府決定撥較多的經費予林業工作，主要是因水務工程對全港社會的重要性。

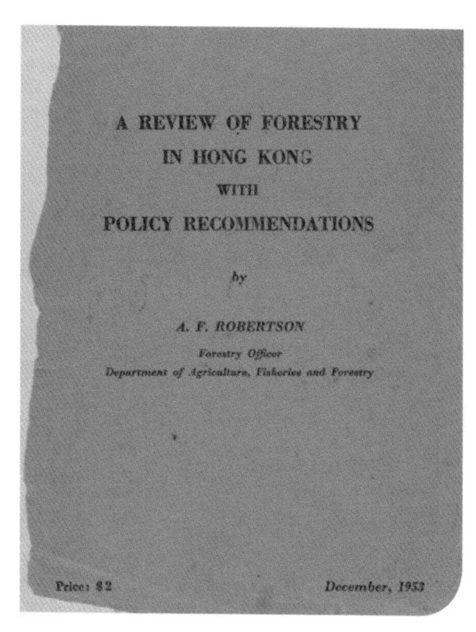
A REVIEW OF FORESTRY
IN HONG KONG
WITH
POLICY RECOMMENDATIONS
by
A. F. ROBERTSON
Forestry Officer
Department of Agriculture, Fisheries and Forestry
Price: $2
December, 1953

1953年的《林務政策報告書》

植林工作的擴展

進行大規模植林，首先要生產足夠和合格的各種樹苗，供應各區種植，其次是在植林地帶的適當地點，設立林務站，作為植林、育林和防火的基地。

中央苗圃的建立

大型苗圃選址於粉嶺高爾夫球場附近的山坡地——大龍苗圃，總面積23英畝（acres），其中生產地區達18畝，地盤及道路得到英軍工程隊協助建成，園內設有辦事處、貨倉、種子儲藏室、溫室等建築物。生產地區包括兩個部分：一為培育大型美化用樹苗的「苗牀區」，另一為培育植林用的「筒裝苗區」，它包括一座大型鋼架棚，大規模將幼苗移植於筒內，培育至25厘米高左右，然後上山定植。在1955 – 1960年，每年生產各種樹苗約共200,000棵，其種子絕大部分為本地採集。[6]

6 1960年代末，原本的上水及屯門的農業試驗場因城市發展而遷入大龍苗圃，改稱大龍實驗農場，其後樹木苗圃於1980年代中期遷往鄰近大欖植林區的十八鄉大棠。

1955年建成的粉嶺大龍林業苗圃

苗床部及辦事處

筒裝苗生產棚

植林區的規劃

植林區（Forest Reserve）通常是指政府永久劃定作植林及有關用途的土地。在香港，大部分位於水塘的直接或間接集水區內。[7]1954年開始大規模植林時，先後將九龍山（包括金山）、城門、大埔滘、大欖、八鄉、富水（藍地）、十塱（芝麻灣半島）和石壁，稱為「植林區」，但均未經法律程序劃定。

為方便管理，依照通行的林業制度，將每個植林區分成若干「分區」（Compartment），面積通常是250 – 300英畝，並以地形特徵（如溪澗、山脊）作分界線，劃成地圖。同時亦列出分區內的主要自然條件，包括方向、面積、海拔高度、土質、植被情況和交通等資料，作為植林工作參考。地圖亦用以記錄以後育林，包括疏伐、修枝、火損的資料。

進行植林前，根據該分區的環境條件、植林目的（生產木材、保護水土或美化景觀等），選定適當的品種、株距、組合方式（純林或混交林）

7 「植林區」的稱謂在中文和英文並不統一。在香港，1937年的《林務條例》訂立時，列有「Prohibited Area」一詞，其意是指「政府指定的植林區，閒人不得進入」。該段時期據此而公佈的有兩個地區，其一是港島的哥連臣山，但戰前及戰後均從未人工植樹。另一個是新界的沙田谷，是1947年開始試植桐油樹的地方。1950及1960年代，兩位林務主管又先後用「Forest Reserve」和「Forest Estate」之名稱（分別見於1958 – 1959年農林漁業管理處的年報第285節，和1961 – 1962年年度報告第146 - 149節）。相信是沿用他們來港前服務地區（馬來亞及尼日利亞）的慣稱。為澄清混亂，香港特區政府在1998年修定《林區及郊區條例》時（第29號第105條修訂），列明以下定義：「林區」（Forest）指覆蓋着自然生長樹木的政府土地範圍。「植林區」（Plantation）指種有樹木或灌木或已播下樹木或灌木種子的政府土地範圍。

和種植方法（撒子或穴播種子、穴植或插植幼苗），同時計算所需種子或幼苗數量，並安排供應。

助理林務主任沈在階（右二）向柏立基總督（右一）解釋大欖涌水塘植林計劃，左二為當時主管林務工作的羅伯新（1957年）

植林和育林

1955 – 1960年代，主要種植的品種是馬尾松、台灣相思、紅膠木、大葉桉和木麻黃。它們都是能在土壤瘦瘠、位於暴露山地生長的「先鋒樹，其中除馬尾松可以用種子撒播、穴播或幼苗移植外，其他品種多以筒裝苗穴植。整體的成活率，受到雨季來臨的時間（過早或延遲），以及雨量的分佈所影響。一般來説，筒裝苗的成活率大約80%。

移植後的數個月內，需要進行除草及施肥，為方便起見，多用含氮、磷、鉀三種元素混合的粉狀化學肥。如幼苗枯死，需同時補植，或到翌春才補植。

在土壤沖刷嚴重的地區，如大欖涌水塘西北面山坡，不少已經形成沖刷溝，有些山泥更全幅崩塌。在這種情況，需要先進行輔助工程，如用木樁及沙包填塞沖刷溝的出水口，堆截塌下的山泥，然後種植覆蓋植物固土，如葛藤、排錢草、銀合歡等。因此已塌下的山地需超過十年或更長時間才能復原。

林區內的各種植林與育林工作，大部分由林務部的員工進行。不過，在繁忙時間，如植林季節，會僱用臨時工人協助。在個別地區，如大欖涌，芝麻灣和石壁，則由該區的懲教機關派出服刑者協助。

1962年，從美國引入「南方松」(Southern Pines) 試植，包括學名*Pinus elliottii*、*Pinus strobus*、*Pinus taeda*及*Pinus oocarpa*。其中*Pinus elliottii*（愛氏松）表現較佳，此後用以代替本地的馬尾松。

森林記錄系統

每個植林區都有一份森林記錄，除上述各分區的基本資料及地圖外，並記錄每階段所做的工作，如施肥及所用的人力及物資、火災和病蟲害損毀的面積等。不過，這些工作因涉及不少文書及繪圖工作，往往因職員調動而被忽略或失去。

每隔一段時期，主管分區的林務主任需制定未來一段時期的「林區工作計劃」(Working Plan)，例如進行疏伐、或間植土生品種等，監督屬下員工執行。

樹林的病蟲害

本港的主要森林蟲害，是侵襲馬尾松的松毛蟲、松突圓蚧和松材線蟲，前者為土產，後兩者為外地傳入。

松毛蟲 (Pine Defoliating Caterpillar)，學名*Dendrolimus spectabilis*，為害的歷史悠久，於清代廣東省的多本縣志都有提及。在香港，最早記載的是1894年。當時，香港島上樹齡十年以上的馬尾松均受到很大的損害，單是掃除的毛蟲屍體已達30噸。此後每隔幾年，便發生一次，幸而損害較輕。二次大戰後，新界山嶺的松樹亦間有發生，受侵松樹的松針脱落，大部分雖可於翌年重長，但此後整棵松樹的生長變得緩慢。

據農林漁業管理處1963 – 1964年年度的報告，當時植林區內的松樹是用機械泵噴化學殺蟲劑Grammaxene以控制蟲害。

松突圓蚧（Pine Needle Scale），學名*Chionaspis pinifoliae*，原生於北美洲，為害多個品種的松樹，受感染時針葉表面呈白色臘質，其成蟲吸食松針的汁液，致全樹生長瘦弱，甚至死亡。牠在1970年代初傳入香港，為害廣泛。

松材線蟲（Pine Nematode），學名*Bursaphelenchus xylophilus*。牠源於日本，是一種具毀滅性的蟲害。松樹受感染後，樹脂被線蟲吸食，引致全株死亡。1978年，該蟲傳入香港後迅速繁殖，並蔓延多處林區，引致松樹大規模死亡。此後，本港亦不再種植馬尾松。

此外，木麻黃亦間中受吹綿介殼蟲（Cotton Cushion Scale）侵襲，但為害不大。

颱風的損害

夏秋兩季，香港受熱帶氣旋影響，往往導致樹林受損。1964年，大嶼山南部受颱風正面吹襲，引致200英畝的新植幼樹受海水衝擊被捲起，海水的鹽分令幼樹死亡。

山火的預防與控制

山火發生的原因

山火是郊野護理最大的敵人。據林務當局的記錄，1960 – 1980年代，全港每年平均約有590英畝面積的土地被山火波及。它焚毀林木，污染水源，破壞景觀，引致水土流失和摧毀野生動物棲所，嚴重者更威脅市民生命財產。而在同一地點，每隔幾年出現一次的山火，會阻止當地植被的順向發展，令物種多樣性的植物群落逆向後退，逐步淪落為牛山濯濯，崩谷處處的「劣地」。

植林區大火（城門）（1970年代）

山火通常在秋冬兩季發生。每年十月初，本港氣候開始受到中國北方的乾燥氣流影響，雨量減少，相對濕度降低，植物生長放緩，草木葉部變黃，易於燃燒。到了十一月至十二月，相對濕度有時更降至40%或以下，是山火發生的高危時期，草木一經燃着，迅速擴散。如遇強風，更一發不可收拾。這種天氣要到翌年三月中，海洋氣流從太平洋吹來，才慢慢轉變。夏秋兩季多雨潮濕，山火很少發生，偶有草木意外燃着，亦因枝葉濕潤難以擴散。

山火發生的原因，有下列幾點。在昔日的新界，以第一點影響最廣泛。

（一）農民於冬季放火燒山，草木焚燒成灰，翌春隨雨水沿坡流入農田，成為肥料。另一方面，山坡草木餘根長出嫩葉，為牛隻提供優良食料。這是一種只看眼前利益，不顧長遠惡果的做法。

（二）曾有人辯說，這做法是一種養料循環，後來研究證明是不正確，因為在燃燒時，草木裏的碳和氮大部分流失於空氣中，只有少數被泥土吸收。

（三）市民到郊野掃墓時，處理香燭不慎，或火種未熄便離去，餘燼遇風燃着附近草木。這種情形於每年清明和重陽節前後經常發生，新界地區尤甚。

（四）郊遊人士遺下的火種（如煙頭或燒烤餘燼）。

（五）放「孔明燈」。昔日鄉村習俗，於重陽節前後，發放用熱氣吹入以竹蔑和紙張製成的「天燈」（即孔明燈）。由於燈在空中隨風而遠飄，着陸時燃着乾草，釀成火災。不過，近年已甚少見。[8]

（六）在1950年代，駐港英軍在新界山野操練，其信號彈亦常引起山火。

8 昔日深圳一帶，間中有孔明燈隨北風而飄到新界北部，引起山火。1980年代，隨着深圳城市化，這種意外也逐漸消失。

外國有些地區，間中有天空閃電引發山火的案例，不過，本港並沒有這種氣候條件。

山火的預防

在1955 – 1965年，大規模植林時期，林區內進行了下列防火護林工作：

（一）設立防火帶。每年秋季，在樹林邊緣及林內適當地點（通常在山脊），將草木剷除成一條闊約10米的長帶，以防止山火的入侵及蔓延，其成效頗佳，但需費大量人力。同時，連續多年剷除帶內地面植物，可能引起土壤沖刷。

打火界可防止山火蔓延

（二）基於上述情況，自1960年開始，改為在防火帶上種植耐火性較強的樹種。幾年後，成為防火林帶，可阻緩山火的蔓延，利於撲救。

大帽山火界

（三）建造林道。在植林區內闢建單程行車線的林道。它既方便育林工作（疏伐、修枝），亦能作為防火帶和增加救火的效率。1960－1980年代，主要植林區內共闢建了兩條幹線：（1）城門林道（城門——鉛鑛坳——大埔滘）及（2）大欖林道（荃錦站——田夫仔——七渡河）。其後更增建兩支線，分別通往大棠及深井。

闢建林道既可方便育林，亦可便利山火撲救

初期的林道建造水準較低，自郊野公園成立後，獲撥款改善，除充分發揮護林功效外，亦成為風景秀麗的長途遠足路徑。而水務署在引水道旁的簡便維修通道，對防火工作有相同功用。

（四）增闢林徑：將植林區內原有的鄉村小徑，加以修葺貫連成林徑，方便育林和防火工作。郊野公園設立後，按當地的特點，陸續改建為自然教育徑或家樂徑等，供遊客使用。

（五）建蓄水池：用高壓泵抽取山澗溪水，以喉灌水滅火，是早期撲滅山火方法之一。為儲備山水，在林區內適當地點建造一批蓄水池，直到飛行服務隊提供空投水彈滅火措施後才停止。

（六）在植林區或郊野公園內視野廣闊的山頂，建造永久性的山火瞭望站，乾旱季節，派遣人員24小時當值，以偵察山火的發生及其動向，用電訊通知山火控制中心。

建於金山頂的全港第一所「山火瞭望台」（1957年）

（七）在主要的植林區入口，設立「火災危險警告牌」，每日按氣候條件調校，以提示遊客注意。

另一方面，新界政務署在1990年代開始，規定原居民的新建山墳，需附設焚化爐，以免香燭引起山火。

山火控制的機制

根據香港法例第95章《消防條例》，全港地區有關火災的預防和控制事務，均由香港消防處負責及統一指揮。至於植林區的山火控制工作，則按照政府內部有關部門的協議，由漁農自然護理署的郊野公園人員作第一線防禦，並通知消防署有關山火的發展，由該署按一定程序派員增援撲救。故此，在乾旱季節，漁護署山火控制中心會與香港消防處保持聯絡。

山火的撲救

撲救山火的工具

香港的植林區全部都位於山嶺地帶，故山火的撲救以人力為主。火拍為主要工具，輔以背泵噴水，減低山火的高溫，救火人員可迫近火頭撲滅。

乾旱季節，工作人員配備適合山區活動的輕型車輛，在具戰略性的林務站作24小時當值。當接到瞭望站發出山火的訊息，第一時間前往火場撲救，如火場面積大或風勢猛烈，則報告山火控制中心，由消防署派出增援。由於他們的車輛及灌救器材主要為市區而設，所以，在山嶺區域執行滅火工作有一定的難度，消防車水源供應往往無法持續。

取水點

撲救山火

山火的損失

政府植林區內因山火引致的損失（1956/57至1972/73年度）

（單位：英畝）

山火年度	草及灌木	闊葉樹	針葉樹（松、杉）	合計
1956 – 57	未有分類			62
1957 – 58				55
1958 – 59				158
1959 – 60	1,948	36	237	2,221
1960 – 61	6	22	220	248
1961 – 62	441	62	111	614
1962 – 63	376	145	768	1,289
1963 – 64	273	16	141	430
1964 – 65	898	51	27	976
1965 – 66	459	3	1	463
1966 – 67	881	683	1,265	2,829
1967 – 68	238	65	274	577
1968 – 69	169	21	182	372
1969 – 70	589	144	132	865
1970 – 71	155	51	58	264
1971 – 72	127	73	181	381
1972 – 73	190	28	56	274

資料來源：漁農處年報（1956/57至1972/73）

註釋：1. 山火年度：每年10月至翌年4月左右。
2. 山火發生的頻度：主要與該年度的氣候狀況，特別是空氣中的相對濕度有很大關係，其次為清明節（4月）與重陽節（10月）的掃墓時節。
3. 一般來説，針葉樹（松、杉、柏等）被山火焚燒後，大部份都死亡。而闊葉樹被火焚燒後，樹冠雖然枯萎，但翌春會在幹部或根莖部份重新發枝，逐漸復原。不過，需加以修剪，以致花費不少人力。而且復原後的生長亦較緩慢，其木材質量亦稍劣。

宣傳與教育

為提高公眾對山火危害的認識，香港政府在過去數十年，投入不少資源作有關的宣傳和教育，包括報刊、海報和各種電子傳播媒介等，其覆蓋廣泛。在山火嚴重的年代，每年秋末於全港舉辦大型的防火宣傳運動。另一方面，漁護署亦透過本地環境保護組織和行山隊伍，於郊野地區向遊客宣揚有關防範山火的資訊。最近幾年，全港山火發生數目逐漸減少，可見宣傳和教育是有一定的成效。

總而言之，山火撲救是一項艱巨的工作，故此，做好預防工作，才是最佳的應對方法。

1960年代的三款「防止山火」海報，目標群眾各不同

一般城市居民

鄉民及農友

掃墓人士

其他林務工作

野生動物的護理

植物群落（樹林、草原、濕地）是野生鳥獸棲息和繁殖之所，而野生動物食料的種類及其活動，也影響植物品種的分佈、生長及演替。在昔日社會，野生動物為人類提供肉食、衣著原料、藥療及其他用途，此外，更為富裕人家消閒活動的對象（寵物飼養和狩獵）。

昔日的香港也沒有例外，鄉村居民以各種理由或藉口（如毀壞農作物或傷害飼養的禽畜），經常捕捉各類野生鳥獸，到墟市擺賣，賺取少量金錢，幫補家計。另一方面，市區外籍人士及富裕華人，假日則到郊野狩獵，作為康樂活動。對於前者，港英政府認為屬於鄉村傳統權益，予以容忍；對於後者，則在新界適合地點，劃定「狩獵區」。不過，在第二次世界大戰前，並未能實行。

戰後，科學界對野生動物的研究有很大的進展，而社會各界對自然護理的認識逐漸加深。政府於1954年制定《保護野生鳥類及野生哺乳動物條例》(Wild Birds and Wild Mammals Protection Ordinance)，即香港法例第170章，規定禁止狩獵的鳥獸品種，及劃定禁止狩獵的地區（包括香港全島以及全港的水塘集水區）。市民須通過考試，證明對條例要求包括獵物、受保護野生動物、害獸、狩獵季節、非狩獵區和限制地區等方面有所認識，才能獲發狩獵牌照。新界鄉民如發現野生鳥獸損毀農作物，亦需報知警務處，派出槍手獵殺，不准私獵，以保公眾安全。政府於1976年將第170章修訂為《野生動物保護條例》(Wild Animals Protection Ordinance)，條例其後經歷數次修改，現時旨在管制狩獵活動、定立受保護野生動物名單、將重要生境地區列為限制地區及禁止在指定地點餵飼野生動物。

長久以來，新界西北部后海灣的米埔沼澤濕地，是華南和「東亞 — 澳大利西亞遷飛區」重要的雀鳥天堂，其生態價值很高。1975年，根據上述條例米埔沼澤區列為限制地區(Restricted Area)，只容許持有許可證人士進入。1983年，世界自然（香港）基金會(World Wide

米埔濕地

Fund for Nature, Hong Kong）開始協助香港政府管理米埔基圍，並在1986年建立米埔沼澤野生生物教育中心。1995年，根據國際性的《拉姆薩爾公約》（The Ramsar Convention），將米埔及內后海灣整片約1,500公頃的面積列為國際重要濕地（Wetland of International Importance）。翌年，政府擴大限制地區的範圍，以包括內后海灣的潮間帶泥灘及淺水水域。

此外，在新界東北部沙頭角海旁鹽灶下的鷺鳥林（Egretry），亦於1970年代起列為限制區，以保護鷺鳥的棲息和繁殖。而南丫島的深灣沙灘，是香港唯一經常有綠海龜產卵的地點，也在1990年代列為限制地區。此限制地區自2021年起由沙灘延伸至鄰接水域，限制期為每年4月1日至10月31日。

入口的「圓木」（Log）儲放於大嶼山東北面的「陰澳」，迪士尼樂園興建時改稱「欣澳」

林產

香港在明、清兩代，曾經種植土沉香（學名*Aquilaria sinensis*），所產木材和樹脂作薰香及其他用途。新界之沙田（當時稱瀝源）及大嶼山的沙螺灣，均為產區。產品經香港仔由水路運返廣州及中國各地。清初「遷海事件」後，香業衰落，但本地鄉民仍有少量生產供自用（有關香樹產銷情況，請參閱附錄二）。

香港開埠後，公共和私人建設以及建造舊式漁船所需木材，全部均需入口。杉木、樟木和雜木，多由中國內地供應。柚木和其他貴重木材，則主要來自東南亞國家。其供應數量由市場需求決定，香港政府並無管制，經營者只須向工商署填報出入口數量便可。

由於本港海運方便，基礎建設良好，所以有商家在本港開設木廠，工場多位於內港（如昔日之長沙灣、荃灣、觀塘及油塘）沿岸，從外地輸入原材（長圓木頭，log），鎅開後分等級再出口往發達國家或城市。由於有些入口地區需要輸出埠提供證明木材無蟲患的證據，故本港林務人員在視察屬實後，便會簽發「無活蛀蟲證明書」(Certificate of Freedom from Live Borer)。除此以外，香港政府並沒有其他管制措施。

1960年代，曾有廠商在青衣島開設一所夾板廠，到1975年左右，因政府發展該島為新市鎮而結業。

青衣島上的木材加工廠（1970年代）

美化植樹

戰後初期，為方便管理港九市區及新界的馬路樹及公共場所的美化植樹工作，分別由花園部及林務部負責。1954年，花園部撥入市政事務處後，新界的美化植樹工作逐步移交花園部統一管理，林務部只負責提供樹苗給新界學校，種植作美化校園及教學標本用途。

大嶼山植林發展公司苗圃遺址（1956年）

私人林業[9]

1953年林務政策的第三項，提出政府應鼓勵私人林業。事實上，當時本港確有商人投資植林，可惜，只是用作掩飾非法活動。

1952年，一名澳洲籍商人來港，開設了一間「大嶼山發展公司」(Lantao Development Company)，向新界南約理民府申請在大白（今愉景灣）約600英畝的山地進行植林。首先，在海旁開闢了一所苗圃，除了從本港林務部購買本地收集的木麻黃和大葉桉的種子外，更從他的祖家昆士蘭

9 本節資料部分取自農林漁業管理處1953 – 1954年年度報告第285節，及1954 – 1955年年度報告第277節。

省（Queensland）運來一批該處土產的林木品種——南洋杉（Hoop Pine，學名*Araucaria cunninghamii*）[10]的種子，在大白苗圃培育筒裝苗，但該商人其實是經營偏門生意。不久東窗事發，發展公司宣佈破產，植林計劃亦因此告吹。而留下的南洋杉樹苗轉由當時林務當局，分發各林區種植，但成活者少，只有在芝麻灣半島或幾處蔭蔽山谷長成。

小結

戰後初期（1946 – 1953年），首要的林務工作是制止偷伐樹木，並以速成方法重建戰時受破壞的樹林。1954年開始，進行大規模植林以保護水塘集水區的土地和植被，成績頗佳，但部分成果被頻仍的山火破壞。另一方面，自然保育工作開始受到較大注意。

10 南洋杉原產於南太平洋的巴布亞新畿內亞及澳洲昆士蘭省的沿海山嶺地帶。它的主幹可高達50米，樹冠在林中呈圓柱形，但在空曠地方其樹冠較廣闊而略呈塔形，其針狀葉多聚於枝頂成叢狀。由於其粗糙的樹皮脱落後，在幹上留下環狀痕跡，故此在昆士蘭稱為「環松」（Hoop Pine），因樹形優美，故多植作觀賞。昔日，廣東人誤以為它由美國引入，故曾誤稱之為「花旗杉」或「花旗松」。1960 – 1990年，多冊《香港植物名錄》均記錄為「花旗杉」。到2015年刊行的中文版《香港植物誌》第一卷，才正名為「南洋杉」，符合它在太平洋地區的原產地位置。

第5章

郊野公園的成立

1960–1980

戰後香港林業經過約20年的復原和擴展，郊野景觀有了頗大的改善。水塘集水區，包括新落成的大欖涌（1957年）和石壁（1963年），大部分已完成植林。另一方面，市民對柴薪的需求，因液體和氣體燃料的普及而消失。在社會經濟方面，由於香港於1960年代迅速工業化，鄉民紛紛移居市區或赴海外工作，引致本地勞工薪酬上升，植林這種回報期長的產業，難以獲利。在這樣的情況下，香港林業何去何從，必須重新思考。

石壁水塘的植林工作（1965年）

林業政策改變的醞釀期（1960 – 1970年）

1959年，戴禮（P.A. Daley）就任林務主管，他曾在非洲尼日尼亞從事林務工作多年，把一些新的林業概念帶到香港。與其前任者不同，他不單看重植林，也重視森林對現代都市的價值和意義。因此建議一套與社區有密切關連的林業政策，就是森林要為社會提供康樂、保育、科研和教育的用途。他的想法，在1962年左右開始得到社會人士不同程度的認同。

戴禮夫婦 Mr. and Mrs. P.A. Daley

1962年，第一屆世界國家公園大會（World Congress on National Parks）在美國的西雅圖舉行。這是世界自然保護史上的大事，它是由1948年成立的國際保育聯盟（International Union Conservation of Nature，或World Conservation Union, IUCN）發動。由此展開了國際正規的建立自然保護區的運動。大會倡議成立聯合國保護區名錄（United Nations List Of Protected Areas），同時建議保護區分類制度。保護區以往沒有劃一的標準，此制度令各地區的「保護區」可以相互了解比較，並可有系統地在各國劃定。

戴禮（P.A. Daley）於1980年榮休

同年第八屆英聯邦林業會議（British Commonwealth Forestry Conference）在非洲肯雅舉行，決議中最重要的是森林管理的目標，除了生產木材外，應重視野生動物的保育（Wildlife Conservation），和建立自然保護區。同時森林也應作為水源、教育和科研的基地。要達到這目標，就要擴闊和提高林業人員專業技能的訓練。[1]

1 Eighth British Commonwealth Forestry Conference (1962), "*Proceedings, Committee Reports and Resolutions.*" Government Printer, Kenya.

受到這些國際會議和全球自然保育意識的影響，戴禮於1962年8月提交政府內部文件，其中包括建立「國家公園」(National Park)，[2] 但他的建議並未得到當時香港政府的重視。

在1964年，當本港林務政策面臨改變的關鍵時刻，得到幾位海外重量級人物支持，一是英國野鳥基金會 (Wildfowl & Wetlands Trust, WWT) 的主席Peter Scott，他也是世界自然基金會 (World Wildlife Fund, WWF) 的副主席，他10月訪港時，以國際非政府組織的身份向港府高層官員游説，建議制定香港的保育政策[3]；其次是得到英國政府海外發展部的林業顧問史華比 (C.S. Swaby) 的支持。他是負責英聯邦技術合作的主管 (Forestry Adviser, Department of Technical Co-operation, Ministry of Overseas Department, U.K.)。此外，這政策亦得到美國國家公園主管Horace M. Albright和美國生物基金會總監Philip K. Crowe的支持。[4]

在1962 – 1965年，戴禮為了建立自然保護區和改變林業政策寫了不少文章，可惜除了1965年的《Forestry and its place in National

2 Agriculture and Fisheries Department (1962), "*Forestry in Hong Kong*", mimeographed.

3 Peter Scott, (1964), "*Report on a Brief Visit to Hong Kong in October*", Hong Kong University, 3 pages, mimeographed.

4 P.A. Daley, (1965), "*Forestry and its place in National Resources Conservation in Hong Kong, A Recommendation For Revised Policy*", pp. ii.

Resources Conservation in Hong Kong, A Recommendation For Revised Policy》之外，其他幾篇都被束之高閣。[5]

基於本地學者、專業人士和英語傳媒的壓力，1964年，漁農處處長成立了一個臨時工作小組（Ad-hoc Working Party），成員包括官員、社會人士和學者去研究自然保護的課題。在1965年出版了一份報告書[6]，其中建議建立「國家公園和自然保育議會」（National Parks and Nature Conservancy Council）同時建議邀請國際專家提供意見。這個建議促成了1965年邀請國際國家公園委員會之科學工作人員戴爾博博士（Dr. Lee M.Talbot）和夫人戴瑪黛（Martha H.Talbot）兩位於1965年3月到香港，進行一項顧問性質的調查工作。其後提交了報告書[7]，充份印證了戴禮的想法，並且提出具體的建議，包括：

---

5 根據戴爾博報報告（1965）參考文獻所列，計有：
   a. 1964, "*National Parks, A note prepared by Forestry Officer*", Agriculture and Fisheries Department. 4 pages (mimeographed with 2 Appendices);
   b. 1964, "*The Use of Renewable Natural Resources in Hong Kong, A Review with Policy Recommendations by the Forestry Officer*", A&FD, 23 pages (mimeographed);
   c. 1965, "*The Conservation and Use of the Countryside*". Paper for meeting on 18 March 1965, Agriculture and Fisheries Department, (3 pages + map + 4 pages Appendices).

6 1965, "*Report of the Working Party to consider the Scientific Aspects of Nature Conservation in Hong Kong with Particular Reference to Nature Reserves*", (Hong Kong Government Printer).

7 L.M. Talbot & M.H. Talbot,(1965), "*Conservation of the Hong Kong Countryside, Summary Report and Recommendations*", Agriculture and Fisheries Department, Government of Hong Kong.

（一）成立國家公園及保存自然委員會。

（二）建立公園、保護區（Reserves）和遊樂區（Recreation Areas）系統。

（三）訂定地區的範圍（建議中的保護區，與後來的郊野公園範圍大致上相同）。

（四）在防止山火、護理海洋生物、野生動物和公眾教育方面也有一些重要建議。

報告書最後強調：「保護自然之工作急待進行，…… 如不迅速設法建立一個公園制度，則這項機會將一去不返。」（第13頁）

世界自然保育聯盟（IUCN）專家戴爾博夫婦於1965年發表的《香港保存自然景物問題簡要報告及建議》（中、英文版）

戴爾博夫婦

同年12月，戴禮的《林業在自然資源保育中的位置，政策建議書》[8]，其中最重要的建議是林業要以建立永久保護區為首要目的，而這些保護區不可隨意作其他發展（第4頁）。這與戴爾博報告書前後呼應。

至此，在香港建立自然保護區已經形成了社會共識，但港府可能因財政資源或其他原因，未有行動。

在這段時期，遠足郊遊在華人社群中已漸普遍，但只是以行山、觀景、尋幽探秘、健身和聯誼為主，自然保育的意識則較低。[9]

1965年末，重視自然保育的農業專家李國士（E.H. Nichols）升任為漁農

8 P. A. Daley,（1965）, "*Forestry and its Place in Natural Resource Conservation in Hong Kong, A Recommendation For Revised Policy*", Agriculture and Fisheries Department, Government of Hong Kong.

9 見香港旅行遠足聯會（1997），《1932 – 1997香港旅行隊伍進展里程》，第12頁。

處處長，他的見解可見於他1970年在本港一個研討會上發表的文章。[10]

1965年可以説是香港林業和自然保育政策上一個重要的年份，需做的研究和調查都已經完成，餘下的是政府高層的決定，到底是否實行。香港正處於發展和保育的十字路口；人口增加，新界都市化正在加速進行，郊野保護計劃的實施，日益迫切。

在這時候，香港人口的年齡結構青年人較多，他們需要戶外康樂設施和場地，1965年政府做了一項調查，發現康樂方面的需求很大。[11] 接着1966年的《九龍騷亂調查報告書》中指出青年人精力充沛，須提供正當的康樂渠道，減低他們的反叛力量。[12] 1967年林務站首次被使用作為「林務工作營」的舉辦地點，為林業正式在政府層面作為康樂和教育用途打開了出口。以後二十多年間都在林務站舉辦暑期林務營，直到1990年代初才停止，這是香港林業政策轉型的一個重要標誌。

回應上列的要求，港督戴麟趾爵士（Sir David Trench）於1967年3月委任了一個高層次的「郊區的運用和保存臨時委員會」（The

---

10 E.H. Nichols, (1970), "*Vegetation and Conservation*" in L.B. Thrower (ed.) "*A Symposium on the Vegetation of Hong Kong*". The Royal Asiatic Society, Hong Kong.

11 K.L. Gill, (1965), "*Recreation for Young People*", Government Printer, Hong Kong.

12 Hong Kong Government (1966), "*Report of Commission Enquiry into the Kowloon Disturbance 1966*", Hong Kong Government Printer.

Provisional Council For the Use and Conservation of the Countryside），有19個來自不同界別的社會人士和政府官員組成，包括自然科學家、觀鳥者、遠足者、狩獵者、動植物學者、商人、鄉議局的代表、工務局、理民府等官員，由漁農處處長擔任主席。他們分為三個工作小組分別負責督導、戶外康樂和自然存護。委員會在1968年6月發表報告《郊野與大眾》（*The Countryside and the People*），其中建議政府必須以明確的政策、清晰的分工和聘用專業人士進行自然存護和戶外康樂的發展：

「我們建議保育香港天然美景，動植物和地質，地形作為教育，科研和觀賞必需成為政府的明確政策」。委員會並完全同意戴爾博和其前的各項研究報告，支持成立一個永久性的「郊野議會」(The Countryside Council)。[13]

港督收到這份報告書之後，並沒有立刻行動，可能是因1966年和1967年兩次社會動亂後，很多其他工作要處理。

在1968年10月香港第一個環保組織「Conservancy Association」成立，初期中文名為「香港保護自然景物協會」，1971年由胡秀英教授提

13 Hong Kong Government (1968), "*The Countryside and the People, Report of the Provisional Council for the Use and Conservation of the Countryside*", June 1968, Hong Kong Government Printer.

議改為「長春社」，乃寄望《寂靜的春天》不會降臨，長春社創會之初大部分會員都是社會上有名望的外籍人士，後來才本地化。[14]

雖然有民間壓力，政府要在《郊野與大眾》報告書發表兩年之後才有行動。港督在1970年7月委任了兩個諮詢委員會，負責向工務局長及新界政務司提供在港島和新界發展康樂和存護用途的具體建議，包括地點、費用和一個五年行動計劃。兩個委員會加速工作，在1971年開始有實質的進展，一個小型試驗性的燒烤郊遊地點在城門水塘旁建起，這用了「戴麟趾爵士康樂基金」兩萬元，

THE COUNTRYSIDE AND THE PEOPLE

REPORT
OF THE
PROVISIONAL COUNCIL
FOR THE
USE AND CONSERVATION
OF THE
COUNTRYSIDE

JUNE 1968 HONG KONG

港府「郊區的運用和保存臨時委員會」於1968年發表的《郊野與大眾》(*The Countryside and the People*)報告書

1972年在城門水塘建立的試驗性郊遊設施(梅花樁)，均用當地所產木材製成

14 資料來源：https://zh.wikipedia.org/wiki/長春社，2019年10月21日下載。

興建了一些簡單的戶外枱、椅、燒烤爐和小徑，當時用了一些外國國家公園的設計為藍本。雖然規模細小，但很受市民歡迎。經過大約十年（1960 – 1970年）的政策、學術、不同階層的討論，林務政策上的改變至此已由「紙上談兵」初步建設成為現實。接著在船灣新娘潭路、金山、大潭也建有少量類似設施，也大受市民歡迎。

郊野公園成立期（1971 – 1980年）

如果說1960 – 1970年是林業政策轉變的醞釀期，則1971 – 1980年這十年，就是郊野公園的成立期。1967年在香港有很多方面的改變，第一是人口增加至近4百萬（1971年人口調查為3.937百萬）。其中65%是34歲以下，康樂需求很大。其次是對土地的需求增加，作為居住、商業、工業、交通之用。如果不及早保護郊區，很可能在很短時間內遭受破壞。當時郊野已經有不少人使用，如果不及早規劃，將會山火叢生、垃圾遍地、水源和土地受到污染。而且政府財政也比較充裕，可負擔在景觀和郊區保育方面的支出，當局拖延保育政策受到輿論的嚴厲批評；更有說港英政府因恐懼面臨1997年，將新界歸還中國而不願做任何保育工作。[15]

最重要的反而是1971年11月麥理浩（Sir Crawford Murray MacLehose, 1917– 2000年）出任港督。他是蘇格蘭人，喜愛大自然，對郊野活動

---

15 資料來源：《南華早報》，1971年7月28日及1972年12月18日。

有濃厚的興趣，而郊區的保育政策至此也漸臻成熟。1970年，政府又聘任了曾在非洲、澳洲和英國從事林業和郊野護理工作的賀以理（J.W. Wholey）加入漁農處工作，這給新的郊區保育政策的實施，注入新血。他後來成為郊野公園計劃的主要執行者。

1972年4月，英聯邦生態會議（Commonwealth Ecology Conference）在香港舉行，而香港的生態情況就成為此次大會的研究個案。與此同時，第二屆世界國家公園會議在美國黃石國家公園舉行（1972年9月18 – 27日），其中特別提出要擴大和改善保護區和國家公園。而在同年11月聯合國教科文組織（UNESCO）通過了世界遺產公約（World Heritage Convention）其中包括自然（Natural）和文化（Cultural）遺產；在1971年，國際社會更在伊朗的拉姆薩爾（Ramsar）達成了一項世界重要濕地公約 - Convention on Wetlands of International Importance Especially as Waterfowl Habitat，又稱為《拉姆薩爾公約》（Ramsar Convention），以保護和合理利用濕地。當時，不論香港境內或境外，都是一片自然保育的聲音。為了配合這國際大潮流，立法局財務委員會在1972年6月批准了一個五年速辦「郊野康樂發展計劃」（Five year Countryside Recreation Development Programme），撥款共有3,300萬，計劃在新界發展四個公園，分別為城門、九龍山、西貢的白沙澳及大嶼山的白夫田，並在港島設立多個郊遊地點，這是發展郊野公園一份很重要的文件。

在這期間，新的工廠區出現。由於工廠職工增加，政府立法規定工人享有薪假期及七日年假。1973年，政府成立了康體局（Council for Recreation and Sports），為市民提供在康樂及體育活動的設施。港督麥理浩在1973年10月的立法會上表示，五年的康樂發展計劃是政府的「重心」政策，不是邊緣的，可有可無的；他又説：「山嶺海灘是屬於大眾的，而高爾夫球和遊艇是少數人的。」[16]至此，整個郊野保育政策已經形成。

1976年，《郊野公園條例》（Country Parks Ordinance）正式由立法局通過，成為香港法例第208章。這是繼《林區及郊區條例》（Forests and Countryside Ordinance）香港法例第96章，及《野生動物保護條例》（Wild Animals Protection Ordinance）第170章，最有系統地保護郊區環境的法例。香港的大自然是依靠這幾條法例得到保護。

根據《郊野公園條例》，漁農處處長擔任郊野公園總監，設立管理架構，並按法例設立了郊野公園委員會作為法定諮詢團體。費用全由政府負責，同時郊野公園全部設施也免費使用。1976年政府又批出了第二個五年計劃（1977 – 1981年）金額達到7,100萬。計劃興建6個管理站，4個在新界，2個在港島，同時提供燒烤、郊遊、小徑等設施。這個計劃由1977 – 1981年，希望在5年內把香港的大部分郊野約150平方英里

16 資料來源：《南華早報》，1974年2月13日。

劃定在「郊野公園」法定範圍之內，並有良好的管理。同時增聘人手，包括專業林務主任、農林督察、管工和前線人員。林務主任除初期從海外招聘外，同時設立政府獎學金，選派有志人士，前往英國修讀大學林業課程後回港服務，處方亦成立培訓組，加速增進員工有關的知識和技能。

這些管理站的主要功能是：

（一）建設及維修郊遊設施。

（二）植林護林及撲滅山火。

（三）保持郊野清潔。

（四）為市民提供郊區護理資訊和教育。

（五）防止非法發展、放火、斬樹、偷盜和污染。

第一代的郊野公園垃圾桶

管理站按管轄的規模，配備人員及車輛；另有繪圖、工程等技術人員，負責建築、修路及設計等工作。

在這裏，筆者不厭其詳地把整個郊區保育政策的醞釀過程及形成步驟列出，目的是要説明：一項政策的決定，須考慮多項因素。以保護香港郊野為例，其中有環境因素例如砍伐、山火、垃圾等，需要管理；社會因素，工作環境與市民對戶外康樂設施的需求；國際社會的大趨勢，每個都市都不能獨善其身，要明白國際的大環境，並以本身情況與之接軌。在這些因素當中顯而易見的是經濟與政治的因素，當政府財政資源不充裕時，或有其他更重要項目需要處理時，對環境保育往往採取拖延政策，以成立工作小組、委員會，或找外國專家論證等手段。這也符合學者所提出政策前的政策委員會的功能。其中最主要者是藉這些委員會來拖延時間或積極行動，等到政府換屆或主管官員任期屆滿，把不太有把握，或花費太多，不受歡迎但重要的政策拖延，讓那些學者專家慢慢去研究討論，這種情況正好反映在1965 – 1970年間的自然保育和郊野使用的政策上。但到1971年麥理浩上任，他採取大刀闊斧的行動，在短短幾年間建立了整個郊區保育體系。可見領導人的意志是發揮了決定性的作用。

如果戰後的植林是基於物質實用主義的話，那麼現今的自然保育就帶有理想的人本主義觀點，以人類的長遠福祉為依歸，進一步的發展可能是把大自然與人類利益放在一個可持續的天秤上，不再向人類利益傾斜，兩者能夠互無損害地共同發展。

郊野公園的劃定

第一個五年計劃由1977年到任的政務官呂偉思（M.J. Lewis）為助理處長領導，他以前是義勇軍（Royal Hong Kong Regiment（The

Volunteers)）的軍官，他以軍事化的方式，講求效率，這五年計劃，在他的「鞭策」下，員工的努力下，在三年內就完成了。

1977年，劃定了首批三個郊野公園，包括城門、金山及獅子山郊野公園，在同年10月又劃定了位於港島的大潭和香港仔郊野公園，這五個公園皆位於市區邊緣，集水區範圍之內，風景優美，交通方便。

呂偉思 (M.J. Lewis) 與李君聰（代表本港郊遊團體的郊野公園委員會委員）

1978年，劃定了三個地區：西貢、船灣及大嶼山為郊野公園，都是面積較大，在4,000公頃以上，西貢部分更分為東、西（東4,477公頃，西3,000公頃）；大嶼山分為南北兩部分（南5,640公頃，北2,200公頃）。這些大面積的生態風景區，不但廣闊而且相連，可以為動植物提供一個較大受保護的空間和通道，保護了山水景觀完整性，這在生態及景觀保育上都是很重要的。

1979年是個豐收之年，共劃定了11個郊野公園，總面積達16,890公頃，把香港大部份具生態價值的土地都劃了入郊野公園範圍之內，同時，還根據《郊野公園條例》第24條，劃定了4個特別地區 (Special

Areas)，其中兩個位於郊野公園之內。

此外還仿效英國的制度，把一批範圍較小，但具生態、地質、動植物價值的地點劃為「具特殊科學價值地點」(Sites of Special Scientific Interest)，至1979年共劃定28個。設立「具特殊科學價值地點」主要是一項行政措施，旨為提醒各政府部門有關這些地點的科學價值，遇到這些地點或附近地方的發展計劃時，能慎重考慮環境保護的問題。至2020年，共劃定67個「具特殊科學價值地點」。

港英政府雖然在郊野保育政策方面，用了很長的時間才作出決定，但當政策決定後，在執行方面就很有效率，在短短的三年之內就劃定了21個郊野公園、4個特別地區，總佔地為41,296公頃，約佔全港土地面積的40%，和28個具特殊科學價值地點，這種快刀斬亂麻的方式，在短時間內把最重要的生態景觀保護起來，為香港的自然保育打下了良好的基礎。特別是在八十年代人口劇增，發展新市鎮及集體運輸系統，道路等大型建設之前，把重要的生態環境保護起來，以免日後遭到無可挽回的破壞。

自1979年以後再沒有大規模劃定郊野公園的行動，只在1987年增劃了蕉坑特別地區（24公頃）。其他的增添是十七年後的事了，這包括在劃定下列地方：

（一）1995年，有40公頃土地劃入大欖郊野公園。

（二）1996年，西貢北約灣仔半島120公頃劃入郊野公園。

（三）1998年，港島龍虎山47公頃，劃入郊野公園。

（四）1999年，馬屎洲及鄰近島嶼共60公頃劃為特別地區。

（五）2005年，荔枝窩1公頃劃為特別地區。

（六）2008年，經過約二十年的時間，把北大嶼山西北山地約2,360公頃劃定為郊野公園，這也是配合北京奧運，並在新範圍內建立了一條「奧運郊遊徑」。

（七）2009年11月，香港地質公園成為中國國家地質公園，於2011 年成功申報成為世界地質公園，自2015年更名為「香港聯合國教科文組織世界地質公園。香港地質公園分為新界東北沉積岩和西貢火山岩兩個主題園區，面積逾150平方千米。地質公園的土地大部分都位處現有的郊野公園範圍之內，只有幾個小島在其外。2011年1月，果洲群島、甕缸群島等五個地點，共234.6公頃土地被劃定為特別地區，自此，香港地質公園所有重要的地質遺跡都包括在保護區的範圍之內。

（八）2013年及2017年把六幅位於西灣、金山、圓墩、芬箕托、西流江及南山附近一帶合共約49公頃的郊野公園「不包括土地」納入郊野公園。[17]

17 「郊野公園不包括土地」(Country Parks Enclaves) 是指被《郊野公園條例》(第208章）所指定的郊野公園所包圍或在其毗鄰，但本身不納入該等郊野公園範圍內的土地。

比較起來，可發現從1995年至2011年，總共劃定了約32,965公頃，只佔1979年的總和7.2%。可見後來劃定保育區的速度減慢，不論在論證、諮詢、資源調配和回應反對聲音上都比初期的困難。近年在指定西貢大浪西灣「不包括土地」時曾引起村民的不滿以及在規劃紅花嶺郊野公園上要經過漫長的諮詢，就是兩個例子。

郊野公園界線的劃定

近年，社會上有些傳言，說郊野公園的界線劃得不科學、很隨意或不合理，因此建議找專家重新建立劃界的原則並檢視到底「郊野公園」是否不可用來建屋。[18] 當年負責規劃的有三位外籍林務主任，最早到任的是艾榮賢（J. A. Irving）[19]，主要負責劃界工作，當時的目的是把自然郊野劃入保護區，同時在適當地點要有公眾通道、簡單康樂和教育設施。他要作很廣泛的地方考查，同時要與地政署的土地測量師及理民府官員保持密切合作，驗明私人土地的位置，還要與村民商討。希望以後郊野公園內的土地不受大型發展所影響，而界線本身最理想是在地上

18 香港房屋協會於2017年邀請投標研究「郊野公園邊陲土地生態及發展可行性研究」的顧問服務，見2017年8月17日《明報》。

19 1973 – 1979年，艾榮賢於漁農處擔任郊野公園策劃主任。

20 J. A. Irving (2000), "*Selecting and designating the Country Parks*" in John Hodgkiss (ed.) *Challenges of Nature Conservation in the face of Development Pressure, proceedings on the 2011 IUCN World Commission on Protected Area East Asia Conference*, June 2001 in Hong Kong, pp. 17-21, Friends of Country Parks, Hong Kong.

21 莫素珊於1978 – 1984年、郗宏達於1978 – 1987年，分別在漁農處任郊野公園策劃主任。

可見的，所以引水道、分水嶺、輸電路線等地標成為一些界線的指標。[20] 此後有兩位同事加入策劃工作，他們是莫素珊（S.J. Mort）和郗宏達（J.E. Heywood），[21] 兩位分別是有經驗的園景設計師和郊野規劃師。而1978年初，王福義（本書作者之一）也加入了這個規劃組，在1979年中正式成為規劃組的成員。

在劃定每個郊野公園的過程中，有關的草圖都要交郊野公園委員會檢視，再傳閱政府各有關部門，根據條例要刊登憲報，並要在報章（兩份中文，一份英文）刊登告示。此外，還要在擬定地點顯眼位置，豎立告示和地圖，使有關人士知悉。郊野公園範圍刊憲地圖以1:10,000 或1:15,000和1:20,000的比例繪製，並附有「闡釋説明」(Explanatory Statement)。用文字解釋清楚郊野公園界線的位置和走向，以及管理方式。

郊野公園策劃組的部分成員（由右至左）郗宏達、王福義與蔡文斌（1989年）

簡單的説，當時在指定一個地方是否合適劃定為郊野公園時，當局會考慮七方面的因素：[22]

（一）自然保育價值。

（二）土地景觀質素。

（三）康樂發展潛質。

（四）地方的大小。

（五）土地的業權，是否私人土地或接近鄉村。

（六）是否留有將來發展的緩衝地帶。

（七）能否執行有效的管理。

郊野公園及海岸公園委員會在2011年就指定新郊野公園或擴建現有郊野公園通過了新修訂原則及準則。[23]

村民的反應

在三年劃定郊野公園過程中，主要阻力來自郊區居住的村民，他們對郊野公園觀念缺乏了解，並通過鄉議局或鄉事委員會向漁農處提出不少疑問，處方印制了小冊子《郊野公園對村民有甚麼好處？》。其中説明會保護郊野、妥善管理、防止污染、清理垃圾，同時可聘用村民在郊野公

22 Planning Department（1993）, "*Territorial Development Strategy Review Foundation Report*", pp.53 & fig. 608, Planning Department, Hong Kong Government.

23 詳見漁農自然護理署郊野公園及海岸公園委員會會議工作文件 WP/CMPB/6/2011。

園內工作，增加就業機會，負責巡邏和防火。村民並可申請牌照在公園範圍內售賣飲品小食，而公園內的小食亭也會優先給村民經營。

村民及鄉議局主要關注的是：

第一，郊野公園範圍是否過大，會否影響鄉村以後的發展？他們建議離村屋或農地最少要有500呎，之後又有建議要求每村落四面要有3,000呎的分隔帶。當局的回覆是遵照新界民政署當時的政策，即新村屋可建於現有村落300呎範圍內，因此當時劃定郊野公園的界線，一般會距離村落300呎，如加至3,000呎就會令土地割離，公園面積減少，園界複雜，難以管理。

第二，村民擔心其「傳統」權益，如割草、伐柴、放牧及飼養家禽等受影響。漁農處當時的回應是對私人土地上現有的割草伐木郊野公園不會引入新限制，但有些地方如會造成泥土侵蝕，應作別論。至於飼養禽畜，在規定的農業用途土地上不予限制，而在山地作傳統放牧也不受管制（現今郊野公園內的流浪牛，可能與此共識有關）。

第三為郊野之通道，會否受郊野公園車輛管制而難通行？當局的回應是真正村民和當地居民會獲發有關的禁區通行證。西貢北潭涌閘內的居民有車可自由出入與此政策有關。由於村民的擔憂，漁農處聯同新界的政務官員於1979年6月9日開會商討各項問題後，漁農處並以書面回應。[24]

會議雖可解決一些原則上的大問題，但到了劃定郊野公園具體界線時就會引起個別鄉村或村民的關注，他們會向郊野公園管理局提出反對。在劃定21個郊野公園期間，馬鞍山、西貢、林村、城門、獅子山、船灣、八仙嶺、大帽山和清水灣都曾收到鄉事委員會的反對，而解決的方法就是重新調整界線，令到鄉委會滿意，或事先商討，讓鄉委會取消反對，這也是互諒互讓的舉動，在劃定郊野公園時得以順利刊憲立法。在1979年9月共收到19份反對書，其中11份調整了界線，4份在改了界線後撤回反對，4份被拒絕，其中2份是狩獵團體提出。但這些界線的調整（Adjust）和距離村落300呎的條件，形成現時77幅郊野公園「不包括土地」。政府在《2010年施政報告》中承諾，把餘下54幅未受法定規劃保護的「不包括土地」透過法定規劃程序確立合適用途（即分區計劃大綱圖）或納入郊野公園範圍，以顧及保育和社會發展需要。於2013年及2017年6幅共49公頃的郊野公園「不包括土地」納入了郊野公園範圍。

24 1979年12月5日，漁農處處長李德宏回應鄉議局主席黃源章之信件。

雖然鄉村人士對劃定郊野公園有所意見和不滿，但整體上還是接受的，這可從1979年第一個郊野公園遊客諮詢中心由鄉議局主席黃源章主禮可見，他原本強烈反對郊野公園，但因親見處方工作積極，頗為讚賞明顯的成績，針對的態度略有改變。[25]

至於接近市區的郊野公園，如香港仔、大潭、金山、薄扶林、鰂魚涌、石澳、和相對偏遠的橋咀島就沒有收到反對。

25 見饒玖才在《郊野三十年》中的〈回憶〉，第45頁。

小結

香港郊野公園制度的發展，是順應1960年代全球保育大自然的趨向，雖然在醞釀期間遇到一些拖延，但當政策決定後，則迅速地執行。整體上取得成功，主要原因有四項：

（一）法制健全——在1976年定訂了《郊野公園條例》，使公園的設立和管理有法律根據。

（二）經費充足——所有開支包括基建、人員編制、管理及設施經費全由政府承擔，無須用門票或入場券補貼。在一些特別項目上，還有企業的贊助，例如企業植林計劃、出版計劃和教育計劃等。

（三）專業團隊——郊野公園成立早期聘請外國專家協助建立管理體制與系統，後期不斷培訓本地人員擔任規劃、設計、管理、教育和執法等工作，有專業人員、技術人員互相配合，和一群刻苦耐勞的前線員工，發揮團隊精神，共同努力。

（四）市民支持——如果沒有廣大市民的支持，郊野公園計劃是不會如此成功的。自成立以來，郊野公園受到市民的歡迎和擁護，認為是政府的一項「德政」，不但去遊覽，而且關心留意其中的變化，對不適當的土地使用會提出反對，甚至得到立法會的討論及支持，近年對「大浪灣事件」的高度關注和「東南堆填區擴展」遭到否決就是兩個例子。

麥理浩徑開幕（1979年）

2020（現今）劃定的郊野公園地圖及面積數字

底圖由地政總署提供 © 香港特別行政區政府 參考編號G6/2021

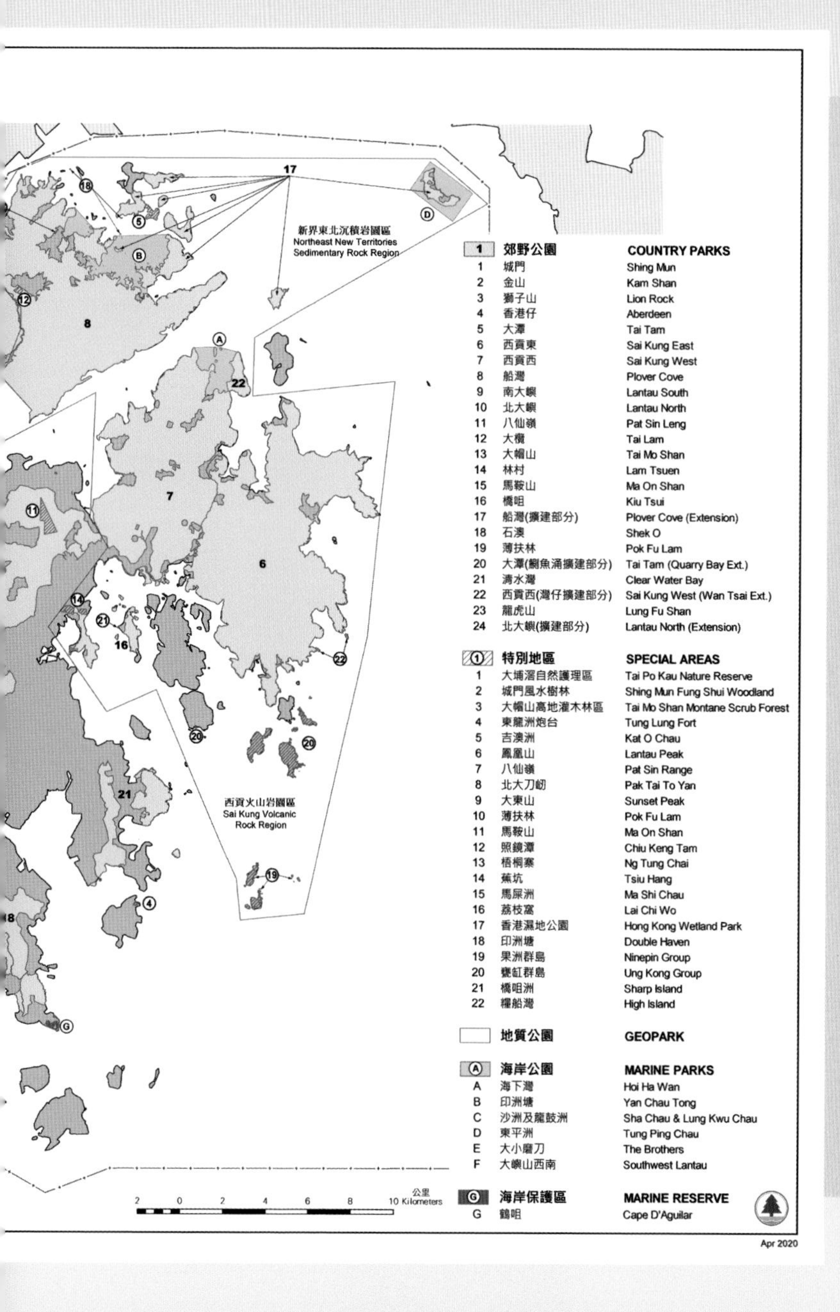

新界東北沉積岩園區
Northeast New Territories Sedimentary Rock Region
西貢火山岩園區
Sai Kung Volcanic Rock Region
郊野公園 COUNTRY PARKS
1 城門 Shing Mun
2 金山 Kam Shan
3 獅子山 Lion Rock
4 香港仔 Aberdeen
5 大潭 Tai Tam
6 西貢東 Sai Kung East
7 西貢西 Sai Kung West
8 船灣 Plover Cove
9 南大嶼 Lantau South
10 北大嶼 Lantau North
11 八仙嶺 Pat Sin Leng
12 大欖 Tai Lam
13 大帽山 Tai Mo Shan
14 林村 Lam Tsuen
15 馬鞍山 Ma On Shan
16 橋咀 Kiu Tsui
17 船灣(擴建部分) Plover Cove (Extension)
18 石澳 Shek O
19 薄扶林 Pok Fu Lam
20 大潭(鰂魚涌擴建部分) Tai Tam (Quarry Bay Ext.)
21 清水灣 Clear Water Bay
22 西貢西(灣仔擴建部分) Sai Kung West (Wan Tsai Ext.)
23 龍虎山 Lung Fu Shan
24 北大嶼(擴建部分) Lantau North (Extension)
特別地區 SPECIAL AREAS
1 大埔滘自然護理區 Tai Po Kau Nature Reserve
2 城門風水樹林 Shing Mun Fung Shui Woodland
3 大帽山高地灌木林區 Tai Mo Shan Montane Scrub Forest
4 東龍洲炮台 Tung Lung Fort
5 吉澳洲 Kat O Chau
6 鳳凰山 Lantau Peak
7 八仙嶺 Pat Sin Range
8 北大刀屻 Pak Tai To Yan
9 大東山 Sunset Peak
10 薄扶林 Pok Fu Lam
11 馬鞍山 Ma On Shan
12 照鏡潭 Chiu Keng Tam
13 梧桐寨 Ng Tung Chai
14 蕉坑 Tsiu Hang
15 馬屎洲 Ma Shi Chau
16 荔枝窩 Lai Chi Wo
17 香港濕地公園 Hong Kong Wetland Park
18 印洲塘 Double Haven
19 果洲群島 Ninepin Group
20 甕缸群島 Ung Kong Group
21 橋咀洲 Sharp Island
22 糧船灣 High Island
地質公園 GEOPARK
海岸公園 MARINE PARKS
A 海下灣 Hoi Ha Wan
B 印洲塘 Yan Chau Tong
C 沙洲及龍鼓洲 Sha Chau & Lung Kwu Chau
D 東平洲 Tung Ping Chau
E 大小磨刀 The Brothers
F 大嶼山西南 Southwest Lantau
海岸保護區 MARINE RESERVE
G 鶴咀 Cape D'Aguilar
公里
2 0 2 4 6 8 10 Kilometers
Apr 2020

第6章

郊野公園的植林和護理

郊野公園主要有三方面的功能：自然環境保育、戶外康樂和公眾教育。在這三方面，樹林都有不同程度的貢獻。樹木是香港生態系統不可或缺的一環，對動植物、土壤、水源的保育極為重要；同時它可以美化環境、遮蔭，為戶外康樂活動提供適當的環境；而樹木本身有豐富的科學和教育價值，可為大眾和學生提供學習的資源。

郊野公園成立後，除了繼承了昔日林務部以水土保持為植林的主要目的外，更按照自然護理、戶外康樂和公眾教育的需求，調整方向，繼續向前發展，具體工作可分植林和護理兩方面來討論。

植林工作

地區和目的

植林工作，主要在下列各類地區，按不同目的進行：

水土沖刷嚴重地區

郊野公園範圍內，有不少以前尚未植樹的土壤沖刷地區，例如西貢萬宜水庫的集水區、大欖水塘北面的山坡（大棠）和大嶼山西南面的山脊。種植的品種，與1950 – 1970年代以少數「先鋒樹種」為主的方式不同，絕大部分改用多種土生及引進品種進行「混植」(Mixed planting)。

在水土沖刷嚴重地區進行植樹

康樂發展地區

如燒烤場地、露營地點、觀景台或涼亭周邊，種植各種具觀賞價值的品種（喬木或灌木）來美化。在適當地方，更種植季節色彩的品種，如大棠的楓香林（楓香 *Liquidambar formosana*）。

早期「純林」的改造區

在1950 – 1960年代，為迅速恢復被破壞的植被，曾大規模以同一品種的「先鋒樹種」如馬尾松，建立了大面積的「純林」。為促進森林生態的多樣性，逐步進行「優化種植」— 在「純林」內進行間植(interplanting) 本地原生品種，特別是闊葉樹。

修補曾受破壞的景觀區

修補及美化種植因城市發展而受到破壞的郊野景觀，例如港島石澳礦場的修復；採泥區的「補償種植」，如在大棠採泥區、西貢灣仔半島；或堆填區的復修工程，如在清水灣東南堆填區；另有些是因對「工程環境評估」後，提議的環境補償措施，例如在大嶼山北部山坡為受建新機場工程破壞的林木的種植，均以本地種為主。

教育種植區

為公眾教育和展示進行的種植，包括在1970年代後期開始建立的「城門標本林」，種植了本港原生的樹木和竹類品種，以及一批已馴化的外來品種。在1990年代，更將西貢蕉坑於1950年代為「鄉村植林計劃」而建立的「示範林」，增補一批代表性樹木，改造成另一個標本林和農作物示範區。兩者成為市民大眾，特別是中小學生學習大自然的場所。

品種的選擇

種甚麼樹種？從選擇品種角度來說，在郊野公園植林可分為三個階段：

（一）速生樹種時期。

（二）外來與本地樹種混種時期。

（三）以本地種為主時期。

第一個階段是由二戰後到1970年代，主要是在集水區植林。因為需要種植的地區廣闊，而且土地貧瘠，需要一些適合本地環境的樹木品種，主要是選擇一些「先鋒樹種」，包括馬尾松（學名*Pinus massoniana*）、台灣相思（學名*Acacia confusa*）、紅膠木（學名*Lophostermon confertus*，舊名*Tristania conferta*）、白千層（學名*Melaleuca cajuputi* subsp. *cumingiana*）、大葉桉（學名*Eucalyptus robusta*）、檸檬桉（學名*Corymbia citriodora*），稍後還有源於北美洲的愛氏松（學名*Pinus elliottii*）等，而且多是以單一品種種植（Monoculture Tree Plantation）。其中台灣相思、紅膠木及愛氏松被稱為「植林三寶」。

在第二個階段，由1980年左右開始，增加了種植的品種，本地種如裂斗錐栗（學名*Castanopsis fissa*）、楓香（學名*Liquidambar formosana*）、荷樹（學名*Schima superba*）、樟樹（學名*Cinnamomum camphora*）和潤楠屬（學名*Machilus* spp.）的品種。

至1990年，本地品種佔全部樹苗已增至50%，到2010年已達66%，在2012年更達80%，大大改善了香港森林的物種組合。

植林優化地點

六年後，種植的本地植物生長情況

疏伐後林底情況

在這段時期亦有引入新的速生樹種，主要的是有固氮功能的耳果相思（學名*Acacia auriculiformis*）和大葉相思（學名*Acacia mangium*），還有毛葉桉（學名*Eucalyptus torelliana*）等樹種。它們都有迅速生長的特性，可以首先種在遭受發展破壞的地方。這時期的種植也會因地制宜，不是一刀切的只種植本地品種。不過，多種植本地品種已成為趨勢。

第三階段是大約在2009年底開始的「植林優化計劃」，主要目的是改善林區生態，樹木健康，減少蟲害，提高林區的可持續性及生物多樣性。開展方式是選擇外來品種較多，較密或已經老化的林地進行疏伐，補種本地種的樹苗，並加強管理如除草，施肥及疏枝等，希望把林區的生境改變，至2020年中已經有100公頃的林區進行了植林優化計劃，種植了超過80種本地種的樹苗如大頭茶、潤楠、紅花荷、細葉榕和楓香等。同時，亦邀請非政府機構參與此項計劃，反應相當熱烈。共有七個機構參與種植超過22公頃林地。[1] 整體而言，郊野公園內植樹品種的選擇，是在劣地先種生長迅速的「先鋒樹種」以建立植被，有些可具防火或火後能重生，固氮的特性。

其次在適當地點種植生長較慢的原生樹種，以促進自然生態更替，為野生動物、昆蟲提供棲息地和食物。最後是把原先的單一外來品種的樹林逐漸優化，成為原生種的次森林。

樹苗的培育

郊野公園內植林的樹苗，主要在大棠苗圃培育，它在1986年由上水粉錦公路的大龍農場遷往大棠採泥區的平台，佔地9.5公頃，培育的樹苗超過100個品種，包括喬木及灌木，其中超過八成屬本地原生品種。苗圃職員亦會悉心栽種一些稀有及珍貴或遭受破壞盜伐的樹種，如土沉香（牙香樹）、羅漢松、香港茶、油杉、紅皮糙果茶及大苞山茶等，還有不少灌木如九節、梔子、野牡丹和車輪梅等。漁護署的職員會根據種植地的地區氣候、植樹目的，安排在雨季將合適的樹苗種植在郊野公園。

1 資料來源：https://www.afcd.gov.hk/tc_chi/country/cou_lea/pep_part_ngo.html，2020年2月下載。

植林苗木的質素，對樹木的生長和發育，及木材的品質，有決定性的影響。戰後初期，因戰爭的破壞，適合作採摘種子的「母樹」不多。經過戰後幾十年的生長，情況大為改善。近年，採摘種子的水平亦提高，對樹木成長有較佳的保證。

大棠苗圃種植的樹苗

植林區的管理

郊野公園內植林及天然林的管理以「林區」(Compartment) 為單位，沿用傳統林務管理的分區方式，把整個林區劃分為數十個面積相約的小區域，以當地管理站和數目依次命名。例如「大欖29區」，這樣先把林區的範圍、位置、方向和面積定下來，方便員工策劃、溝通、記錄和管理事項，如修築路徑橋樑、植樹、施肥、疏伐、修枝、滅火等工作。

郊野公園成立後增建了一系列管理站，按位置和人員編制，有大站和小站，每站都要負責管理一定數量的林區。在1997年，共有16個大站和7個小站，還有3個據點 (depot)。站中人員除了負責護理樹林，還要負責康樂設施的建造及維修，路徑的開闢和保養，所有在其管理範圍之中，發生的事件都要保持記錄。這林區記錄在森林管理方面很重要，可以知道林區的變化，何時何處種樹？種甚麼品種？何時何處發生山火？損毀多少？都記錄下來，可以用來研究生態的改變和森林的演替。郊野公園成立後植林的範圍擴大了很多，以往草地和灌木叢都已植林，例如西貢東西郊野公園、白沙灣半島、清水灣半島、大嶼山北部、大欖涌南部山坡、大棠周圍的劣地，在港島的石澳半島，鰂魚涌郊野公園等，這些大規模的植林工作都在郊野公園成立後才進行。主要原因是管理人員增加，資源亦較充裕。

植林數量

由1970至2019年這49年間，郊野公園內共種植了2400萬棵樹苗，（見圖1），平均每年種植約49萬棵。因為山火，風災，蟲害和自然的死亡，這些樹木並不能全部成活。 這49年內，每年所種的樹木數量也有所不同，種樹的多少和前一兩年山火焚毀的幅度有關。在郊野公園建立之初，每年大約種植23萬左右，在1972和1974年曾種達40萬棵。主要原因是這段時間山火比較多而且影響範圍比較廣。1979年至1984年平均每年植樹約30萬棵，1985年開始植樹數量大幅度上升，直到2015年，平均每年種約60萬棵。2002年更高達100萬 。這是郊野公園植樹的黃金時期。2015年每年平均植樹約40萬棵，數目的減少並不代表植林的努力減低，而是需要種樹的地方已減少，而且這段時間山火比較

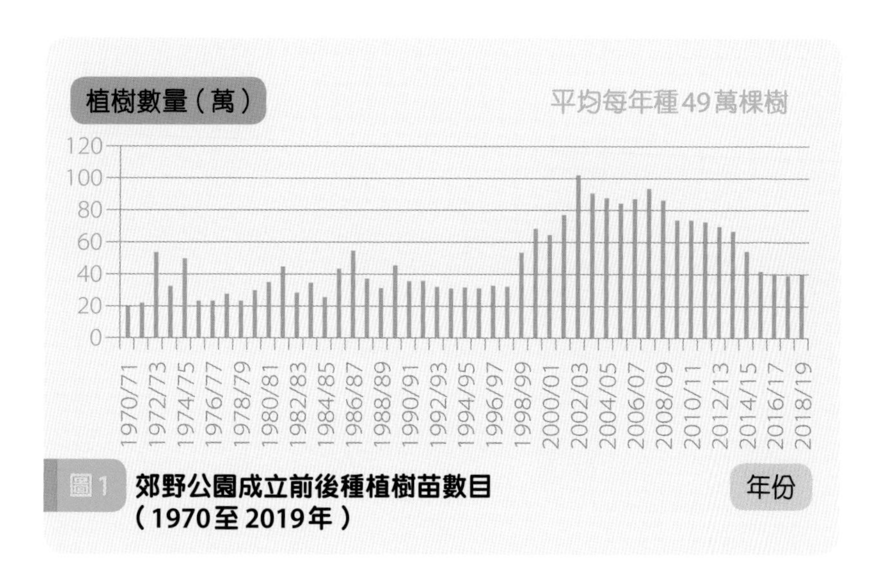

圖1 郊野公園成立前後種植樹苗數目（1970至2019年）

優化植林——大棠楓香林

用倒塌的樹木升級再造的郊遊設施

城門標本林

少。在2000年之後所種的樹木，可以說是貴精不貴多，比較重視樹的質素和品種，種植的數目雖然有所減少，但多是一些生長比較慢的本地種。實際上，這對生物多元化有幫助，有時甚至將原本年長的外來品種清理後，然後重植本地樹種，以優化這類植林區。

對清理的樹木，漁護署的同事對這些資源毫不浪費，部分樹幹會循環再用於製造郊野公園內康樂設施的裝置或裝飾物品，例如動物木雕、路標、長椅等，供市民享用。或用作修理山徑、塌坡，亦會將其他剩餘的樹枝、樹葉等堆放於附近的自然生境中，這不但為野生生物提供棲息的地方，當它們自然分解時，亦會釋出養分並回歸自然。

護理工作

香港的森林和樹木受到多種天然和人為的威脅，包括山火、風災、病蟲害、外來物種的入侵、廢物處理、發展工程的破壞和盜伐。其中威脅最大的是山火，耗費人力最多的是廢物處理。

修築林道，既可阻隔山火蔓延及便利撲救，更具郊遊功能

兩層高的山火瞭望台

（一）山火

山火的成因和防控措施在第三章已有論述，它是香港植被演替過程中的最大阻礙。郊野公園成立後，在預防和撲救方面均有重要的進展。預防方面，根據香港法例第208章《郊野公園條例》，在山火嚴重期間，郊野公園總監（即漁農自然護理署署長）有權將個別或全部郊野公園關閉，禁止公眾進入，以方便撲救。事實上，1986年1月8日，天氣特別乾燥，城門、大欖、大帽山郊野公園，及大埔滘自然護理區先後發生經歷34個小時的大火，焚毀樹木13萬株，受波及的郊區面積約達900公頃，當局下令關閉以上地區長達三星期，保障了市民的安全。

撲救方面，郊野公園當局與消防事務署、香港飛行服務隊及民眾安全服務隊（簡稱「民安隊」），組成聯合指揮部。在假日及山火危險程度高的日子，派出民安隊隊員，在郊野公園的主要入口巡邏，協助公園職員提醒遊客注意防火。在崎嶇的山嶺發生山火時，由裝備吊桶的飛行服務隊飛機，在空中投擲「水彈」，以協助滅火，成績頗彰。[2]

空投水彈撲滅山火

2 Huang, Xueying (1997), "Rehabilitation and development of Forest on degraded hills of Hong Kong", Forest Ecology and Management, 99, pp.197-201.

自從郊野公園成立以來，山火的數字已由全年超過百宗減到幾十宗（見圖2）。在1977 – 1997年這22年中，植樹雖多達7.2百萬，但有約4百萬株毀於山火。其中1979、1983、1986及2006年，由於該四年較乾旱，山火頻仍，焚毀超過1.3百萬株樹。隨着宣傳與教育加強，市民防火意識提高。先進的防火、偵察和滅火技術，包括直升機空投水彈。2000年以後，郊野公園範圍內山火數目，已大幅減少。

圖2 郊野公園成立前後山火數目（1969至2019年）

山火之後的重植工作也是管理重點，可趁此機會「改造」林區樹木種的組成，要選用能適應較酸性和瘦瘠土壤的種，如野牡丹、馬尾松、崗棯、木荷、石筆木、梭羅樹、山蒼樹和楊梅等原生種都適宜。[3]當然外來樹種如台灣相思、紅膠木、桉樹和耳果相思等速生樹也可用「間植」以幫助建立較平衡的植被。

火災之後

山火的減少，扭轉了長期以來天然植被的劣化趨勢，使它逐漸沿順向發展為天然森林。

我們如果比較由1969至2019年，50年來山火焚毀的樹木和每年新栽種的樹苗（見圖3），

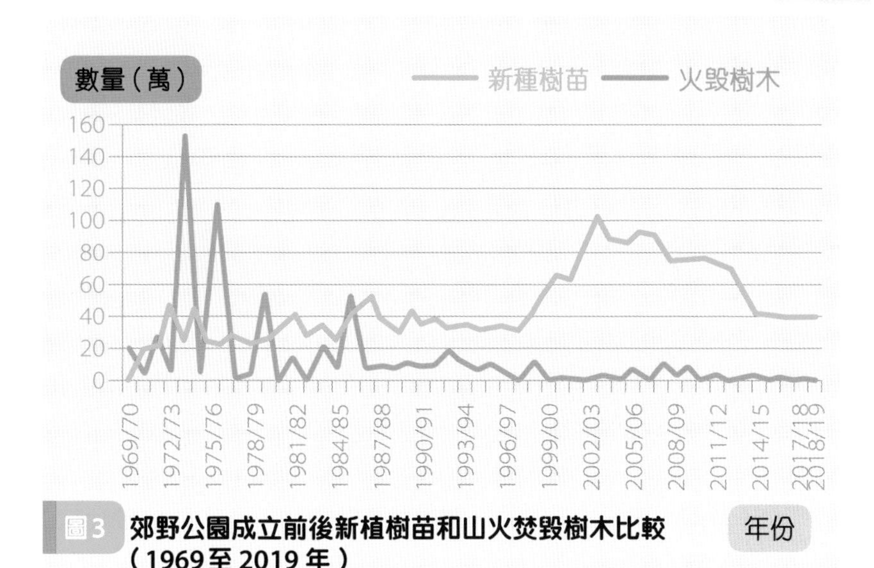

圖3 郊野公園成立前後新植樹苗和山火焚毀樹木比較（1969至2019年）

---

3 L.M. Marafa, (1997), “Soil Studies along a Vegetation Chronosequence Affected by Fire in Hong Kong, South China,” PH. D. thesis. The Chinese University of Hong Kong.
陳芳、鄒桂昌（1999）：〈香港本地種植林研究〉，載於《邁向廿一世紀的中國環境、資源與可持續發展》，香港中文大學亞太研究所，第89 – 308頁。

可見在1980年之前，山火焚毀的樹木比栽種的樹木為多，但自從1980年後劃定了21個郊野公園之後，每年栽種的樹苗數量大大超越被焚毀的樹木。但有一點需要留意，焚毀的樹木多為成長多年的大樹或者中樹，但所栽種的為樹苗（seedlings），需要經過一些年日才可以長大，所以種植多少並不可以完全取代被火燒毀的樹木的功能，希望山火減少，讓這些樹苗可以健康長大成林。

（二）風災

香港位處華南海邊，是典型的海洋性亞熱帶季候風地帶。每年4 至 9月會遭不同強度的熱帶氣旋吹襲，強烈的氣旋如中心風速超過每小時118公里，就被稱為颱風。它除了風速之外，還會帶來大量的雨水。狂風暴雨對郊區、路邊和市區內的樹木，造成很大破壞，在較空曠和海旁的樹木尤甚。事實上，香港每年都會受到颱風的影響，只是數量和強度不同而已。

郊野公園成立以來，曾遭受6個超強颱風（十號風球）的吹襲，計有1979年的「荷貝」、1983年的「愛倫」、1999年的「約克」、2012年的「韋森特」、2017年的「天鴿」，和2018年的「山竹」，其他八號風球的颱風更是不計其數。每次颱風過後都有大量樹木被吹倒或折斷。2018年的超強颱風「山竹」造成約60,000棵樹倒塌，雖然大部分是位於市區，但郊野公園內有很多樹木倒塌、斷枝、斷幹，特別在林道旁邊或樹林邊緣地帶。在郊野公園倒下的大樹會阻塞林道、小徑，並引致山坡崩塌，漁護署的「樹隊」人員要在颱風中和之後當值以便清除倒樹斷枝。於颱風過後，除了出動清理倒下的樹幹與樹枝外，還要清理有危險的樹木。另一方面，郊野公園當局在大棠和北潭涌設有木材工廠（workshop），於風災後把折斷了的樹幹運到該處，然後按樹幹的型狀，製成兒童遊樂的設備，或戶外的用具。這種廢物利用的方式，既環保又可造福市民，同時減輕堆填區的負擔。

（三）病蟲害

在本書第四章，曾簡單描述了香港樹林在1960年代的主要病蟲害，分別為本土的侵襲馬尾松（學名*Pinus massoniana*）的松毛蟲（Pine Defoliating Caterpillar）和外地傳入的松材線蟲（Pine Nematode），後者對香港松樹的影響極為嚴重。根據前漁農處病蟲專家R. Winney的報告[4]，自1978年以來，很多馬尾松受感染，出現「突然死亡」(sudden death）現象，其實就是遭到松材線蟲的侵襲。在1978年有零星松樹死亡，到1980年受害範圍迅速擴大，至1982年才由英聯邦寄生蟲研究所（Commonwealth Institute of Parasitology）調查後證實，牠的來源是與進口的木材有關。香港大部分的「軟木」（soft wood，即針葉樹產的木材）是由美國、加拿大、日本、中國大陸和台灣進口，也許

4 R. Winney (around 1984), "*Preliminary Observation on the Pinewood Nematode, Busaphelenchus xylophilus in Hong Kong*", AFD unpublished mimeograph.

其中有些含有松材線蟲。受感染的松樹，其松針逐漸變色，由綠變黃到橙和深褐色，全程約四星期。受影響最大的是馬尾松，其次是愛氏松（學名*Pinus elliottii*），兩者是香港常種的松樹品種。在1982年，超過7,500棵馬尾松需伐後焚燒，以防病蟲傳播。松材線蟲的體積很小，肉眼看不到的，要用5倍放大鏡才可見到。它是由寄主，一種松墨天牛（Longhorn Beetle, 學名*Monochamus alternatus*）飛到松樹產卵時帶到松樹，然後在松樹中吸食樹脂，引至松樹死亡。自從1982年以來，香港已經沒有再植馬尾松，它曾經是原生樹種的松樹，在香港的大部分郊野逐漸消失，只在大嶼山如芝麻灣半島，還留存了大面積的馬尾松，可能是松墨天牛的飛行距離之外。我們應好好保留這一片香港的原生馬尾松樹林。

除了松材線蟲外，樹木還可能受白蟻（Termites）的侵襲，在野外白蟻也可將枯木分化，令樹幹不穩定而倒塌，這在市區的危險性較高。如在2016年9月27日，有一棵23米的南洋杉，因被白蟻所蛀忽然倒塌，引致一名五歲女童受傷，但白蟻對郊野的樹林則未有造成嚴重損害。

其他的樹木常見的蟲害有介殼蟲（Cocoiden）；在蔬菜栽培中，較麻煩的薊馬（Thrips）、木蠹蛾蟲（Cossus）可損害樹木的根部。這些蟲害可能對花卉，或都市中個別樹木有些影響，但對郊野的林木損害則不大。

除害蟲外，還有真菌的入侵。香港近年面對最頭痛的樹木感染，就是褐根病，它是由一種具侵略性的真菌（學名*Phellinus noxius*）所引致，可迅速損害樹木的健康，最終令樹木死亡。此病危險之處是可由樹根的接觸、受污染的泥土、地面及地下水，甚至通過空氣傳播。[5]政府的綠化、園境及樹木管理組，採用了多種方法去遏止褐根病的漫延，並制定了《褐根病管理手冊》。

（四）外來物種入侵

為害本土植被的外來入侵物種薇甘菊

至於外來入侵物種，對樹木影響較大的是薇甘菊（學名*Mikania micrantha*），它原產中南美洲，是一種生長快速的攀緣植物，爬到其他植物的冠頂吸取陽光，其葉生長蓬勃，覆蓋其他植物，令其光照不足，因而變弱，甚至死亡。[6]此植物只會在陽光較充足的地方生長，例如受破壞的森林、農田、廢村的周圍，如若樹林茂盛就不適合薇甘菊的生長。因此保持林木的健康很重要，特別在林地邊緣，或曾受工程干擾的地方，容易被薇甘菊入侵。不少天然

5 資料來源：https://www.greening.gov.hk/tc/knowledge_database/brown_root_rot.html，2020年2月8日下載。

6 資料來源：https://www.afcd.gov.hk/tc_chi/conservation/con_flo/About_Mikania/about_mikania. html，2020年2月8日下載。

林或村旁農田邊的風水林，已有初步入侵的情況出現。在郊野公園內的林區，薇甘菊入侵尚未算普遍，一有發現就要人手清除。漁護署在受薇甘菊入侵的地方曾實施「生境管理」的方法，清除後在原地種植樹木，並經常保養如除草抑制薇甘菊的重新生長，當樹木健康成長，樹冠成蔭時，薇甘菊的生長會受到抑制，例如在吐露港內的小島丫洲，曾被薇甘菊全島覆蓋，經治理後已逐漸復原。

（五）廢物處理

市民到郊野遊樂，無可避免產生廢物，燒烤的食物碎屑，產生異味，吸引蟲蟻野獸及野生動物，改變野生動物的習性之餘，亦破壞郊野景觀，降低郊遊地點的質素，甚至污染林區溪流，漁護署需花費大量人力清理垃圾。過去的辦法是增設垃圾箱，近年則提倡「用者自理」的辦法，於2017年全面移除山徑上的垃圾箱，加強推廣「自己垃圾，自己帶走」，鼓勵郊遊人士養成對環境負責任的良好習慣。

（六）發展工程的影響

郊野公園的林木管理也涉及對發展工程的控制，以免天然景觀和動植物受破壞。在90年代起，因新市鎮發展加速進行：天水圍、將軍澳、馬鞍山及東涌等新市鎮先後建造，加上赤鱲角新機場，這些建設需要電力、交通和煤氣等公用設施的配合，這些設施無可避免地會進入郊野公園的範圍，大型的工程有三個，一是400千伏（Kilovolt, kV）的輸電網，二是煤氣管道，三是貫通新界中部交通的「三號幹線」。

電塔附近的植樹

中華電力公司在1991年開始計劃連接屯門西部爛角咀發電站，及境外大亞灣發電站的數條400千伏線路，通往將軍澳、沙田、大埔、元朗和大嶼山等地。其中的線路及電塔要通過郊野公園，為了減少對園內樹林及自然景觀的破壞，郊野公園管理當局爭取把電網及電塔，安置於郊野公園及林區之外，經過了長時間的評估和商討，最後建於郊野公園內的電塔數目大幅減少，並避開了林區和生態敏感地點和山頂天際線，在有需要的情形下也在電塔附近進行了大範圍的生態恢復種植。電塔主要位於大欖郊野公園的北部，獅子山郊野公園的北部，有少量電塔在城門的邊緣和八仙嶺的邊緣，避免進入郊野公園的中心地帶，因而保存了郊野景觀和原有的林木。總的來說，是一項成功平衡環保與發展的工作。

在1992年，為了提供煤氣到赤鱲角新機場，中華煤氣公司要由大埔建造一條高壓煤氣管道至新機場。研究了各種管道路線之後，基於安全及交通影響的考慮，一條3,500千帕（kilopascal, kPa）的高壓輸氣管道，要由荃錦公路經過大欖郊野公園再經海底通往大濠灣。這條管道有11公里在郊野公園範圍內。經過多次勘查和評估，這條管道終於在1994年建成。建成之後，煤氣公司負責在11公里的埋藏管道之上重新植林。多年後，這條煤氣管道上的樹木和灌木已經長成，形成了一條寬闊的綠色林帶，市民並不知道這裏曾經是一個掘開的工程管道。這兩項工程都在香港發展最盛時期進行，由於控制得宜，工程的破壞不算太大，反而增加了一片新的樹林。

在1990年代初，政府決定興建連接九龍市區與新界中部的「三號幹線」通道。在研究通道的路線時，郊野公園的策劃團隊，成功說服政府及工程公司，將通道以隧道方式建造，避免了影響大面積的大欖郊野公園內的林木，只在隧道出入口處影響了約二公頃公園土地。後來，郊野公園在1995年重劃界線，把受道路影響的兩公頃劃出界外，又在引水道旁加入四公頃，同時把大棠西部採泥區完成復修後的約40公頃土地劃入郊野公園，這就成為現在很受歡迎的大棠郊野區；其中建有管理站、樹木苗圃、燒烤區、自然教育徑等康樂教育設施。重要的是重新植林，在三號幹線北部出口的山坡馬鞍崗，署方和自願人士和團體自2000年起種植了大量樹木，香港植樹日亦曾在此處舉行。雖然此處常遭火災，至今還是樹林茂盛，成為市民的好去處。在2018年曾經有人建議將此處用來建造公屋和老人院，經過「土地供應專責小組」的考慮和分析，在其報告中已經暫時不建議利用郊野公園邊陲地帶建屋。[7]這對多年在馬鞍崗的植林無疑是個好消息，但日後如何發展還需繼續監察。

除了在郊野公園之內的發展工程，在郊野公園邊陲地帶，也有不少採泥、採礦的工程。有部分採泥工程完成之後，進行了「植被重造」，因為採泥採石之後餘下的土層稀薄和瘦瘠，大都用先鋒樹種。例如用來填天水圍的大棠採泥區，採完之後保留了一些平坦台階和一些斜坡，並按恢復景觀的要求留下一些不厚的土層，以便植林之用。這些地區後來在1995年被劃入大欖郊野公園，而平坦的地方就建成了郊野公園管理站和樹木苗圃，達到了「一舉數得」的效果。

在另外一個位於西貢海下灣旁邊的灣仔半島123公頃的採泥區（以供應沙田和馬鞍山新市鎮填海），在1996年復修並補種之後，劃入了郊野公園，後來發展成為著名的露營和越野單車地點；而原先種植的外來品種的樹木已經成林，漁護署正在逐步改變它的樹木品種結構，在適當地點種植原生樹種。這也是根據自然的規律和以往的經驗而行。西貢灣仔半島修復後，由於地方寬敞、設備完善，有食水，電力，公共廁所，浴室並有處理污水的設施。此地吸引了不少市民和內地遊客到來露營。而林木則減少山洪和水土流失，保護了自然景色。

7 資料來源：《多管齊下，同心協力土地供應專責小組報告》，土地供應專責小組（2018）。

另一個接近郊野公園的復修地區是石澳石礦場，該處採石已有很長歷史，遠至1964年，已經開採。它在石澳鶴嘴半島山邊形成一個巨大的疤痕，在1994年開始重修和植林，由於石坡缺乏表土，工程師盡了很大的努力把陡峭的石階壁拉平，並種上樹木，為此石澳道需要東移，因而影響郊野公園的界線。在1993年，為了更好的把受破壞的景觀修復，當局透過立法，更改了石澳郊野公園的界線，減少了10公頃土地，令石礦場的復修及種植工程可以順利進行。在整個種植過程中，採用了原生樹種和附近常見的植物。此舉不但可以恢復景觀，也令植物生態系統可以保持循「順向發展」，的確是在郊野公園邊陲地區的種植成功個案。

（七）盜伐

在香港郊野，長期保存頗多原生樹種，其中有不少是稀有或珍貴者，如羅漢松和土沉香。兩者在華南本是野生的，昔日數目頗多。但在近幾十年，內地野生的已經被砍伐淨盡，一些歹徒就潛入香港山野盜伐，造成了本港林木的巨大損失。

羅漢松（Buddhist Pine，學名*Podocarpus macrophyllus*）是常綠喬木，外形古雅，多植作觀賞用。它生長緩慢，要40年才可長成。其嫩葉及種子亦可做藥材。本港西貢的白臘灣、浪茄灣、港島石澳及薄扶林

8 《林區及郊區條例》第96章和《郊野公園條例》第208章。

均有生長，在本港受到保護。[8] 羅漢松在內地被視為風水樹，近年更被吹捧為「招財樹」，並受到富裕人士的喜愛。由於它的經濟價值很高，因此，自1990年代初，不斷有人非法入境，到香港山野盜取。挖樹黑點包括：西貢郊野公園內（包括燕子岩、西灣營地、大蚊山等）、蒲台島、果洲、浪茄一帶及港島的石澳，鶴嘴，柴灣哥連臣角近岸崖邊。盜伐者還會將附近樹木一併斬去，以闢出小徑搬樹，此舉影響附近植物生

防止偷伐珍稀植物品種

土沉香

羅漢松

態，引致其他草木入侵，令繁殖能力稍弱的羅漢松難衍生後代。經本港水陸警察及海關努力打擊，有不少盜伐者都被判監。[9]

除了羅漢松之外，土沉香（學名*Aquilaria sinensis*）是近年盜伐者的另一個目標，其規模更大。土沉香是華南原生常綠喬木，其樹脂可製成香料，木材可製線香，是中國國家二級保護野生植物，在香港郊野頗常見，但在內地野生土沉香已斬伐殆盡。歹徒看中香港境內成熟的土沉香樹，不斷來香港盜伐，不論山野或花園，校園或村莊的土沉香，都成為目標。由2011年至2019年10月，共有個案663宗，283人被捕，122宗檢控和111宗定罪；施加刑罰由監禁3個月至55個月不等，合共涉及1,360株土沉香，木材總重量共998公斤。[10]有關土沉香的背景資料，可見於附錄二。

土沉香大都生長在風水林內，是原生樹種的大本營，一旦遭到砍伐，就破壞了風水林的生態，造成空間，容易被生長快速的外來物種如薇甘菊的入侵。為了更好的保護本港境內的土沉香，漁護署制定了《土沉香物種行動計劃2018 – 2022》，其中包括：

9 資料來源：http://www.ecotourism.org.hk/other%20files/News/LuohanPine.htm，2020年2月8日下載。
10 立法會十九題：《非法砍伐沉香樹》，2019年11月27日；在立法會會議上，劉業強議員的提問和環境局局長黃錦星的書面答覆（https://www.info.gov.hk/gia/general/201911/27/P2019112700387.htmf）。

（一）在郊野公園及特別地區進行定期巡邏，並成立特別專責小組，針對有重要土沉香種群的地點進行巡邏。

（二）與警方緊密合作收集和交換情報，在非法砍樹黑點採取聯合執法行動並調查非法砍伐案件，以及透過社交媒體頻道和其他教育及宣傳活動，提升公眾對有關罪行的意識及警覺性。

（三）加強與關注團體及居於土沉香附近的村民聯繫及合作，以收集情報及舉報非法砍樹活動。

（四）在策略性位置安裝監測儀以監測非法砍樹活動，以及為個別重要的土沉香樹安裝樹木保護圍欄。

（五）舉辦培訓班以協助警方和海關的前線人員，鑑辨土沉香和偵查違法活動，以及推行在陸路邊境管制站調配檢疫偵緝犬的試驗計劃，協助偵緝沉香走私活動。

（六）加強在郊野地區廣泛栽種土沉香。自2009年起，每年培植及栽種約一萬棵土沉香幼苗，以助該種在本港繁衍。

（七）支援多項相關研究及教育活動，並提高公眾對保育土沉香的意識。

保護境內土沉香已成為市民及村民的共識，熱心的市民更成立了「土沉香生態及文化保育協會」，他們提供詳細資料給立法會環境事務委員會參考，[11] 同時也引起學者的注意發表了學術論文。[12]

---

11 資料來源：https://www.legco.gov.hk/yr15-16/chinese/panels/ea/papers/eacb1-433-1-c.pdf，2020年2月12日下載。

12 JIM C.Y.（詹志勇）（2015），"*Cross-border itinerant poaching of agarwood in Hong Kong's peri-urban forests, Urban Forestry & Urban Greening*", 14（2019）, pp. 420-431.

行政架構的改變

因應郊野公園的建立，以及日益增加的自然保護工作，政府於1977年將漁農處屬下的林務部升格為自然護理與郊野公園分處（Conservation and Country Parks Branch），並增設助理處長一職。其職責包括：

（一）推動自然保護工作，包括保護野生動植物，保護瀕危物種和執行有關國際公約，保護管理濕地及推廣自然教育。

（二）建立及管理郊野公園，包括劃定及建立郊野公園和保護區如特別地區（Special Areas），和具特殊科學價值地點（Sites of Special Scientific Interest）。

郊野公園部分又分為策劃部和管理部，均由專業林務主任負責。

策劃組（Planning Division）負責劃定郊野公園，訂立界線、刊登憲報、調查繪圖、設施的設計、制定各類大綱圖和康樂、教育、保育的發展藍圖、遊人調查和發展控制等工作。在管理組（Management Division）下分郊野公園管理部（Management Section）和護理部（Protection Section）後來改為督導服務（Ranger Service）。管理部負責所有園內的實地工作，包括所有的管理站和員工，一切的康樂設施的建造和維修、種樹。護理部負責山火預防、巡邏執法及與其他政府部門聯絡制定防火策略、山火發生時的協調。教育組（Education Section）則負責培訓林務督察、建立遊客中心、自然教育徑、出版教育刊物，並組織林務工作營，學校植樹計劃和推廣野外教育。

由於自然保護工作日趨複雜，以及有關的國際性責任不斷增加，自然護理及郊野公園分處於1995年進行改組，分為郊野公園分處（Parks Branch）和自然護理分處（Conservation Branch），分別由兩位助理處長負責。在1996年，因應海岸公園的成立，郊野公園分處改名為「郊野公園及海岸公園」分處，自然保育方面分工更為細緻。自然護理分處於2002年起加強了全港生態和物種的調查，以進一步掌握香港物種的數量、分佈和境內情況，並建立香港生物資料庫和定期出版《香港物種探索》（Hong Kong Biodiversity）。同時在繁殖稀有植物和樹木種方面，以各種方法收集種子，用插枝或高空壓條等技術培育幼苗，包括不少原生樹種如油杉、紅皮糙果茶（克氏茶）、大苞山茶（葛量洪茶）、土沉香、香港茶等，成長後移植郊野公園。

為了提高郊野公園的生物多樣性，在適當地點建立了蝴蝶園和蜻蜓池，亦嘗試在公園內安置人造鳥巢，為雀鳥提供棲息和繁殖之所。

在2000年「漁農處」改名為「漁農自然護理署」(簡稱「漁護署」),以便更能正確反映其職責及所提供的服務種類,而總部也由廣東道遷往深水埗長沙灣政府合署。2020年,有關漁農自然護理署的行政架構如下:

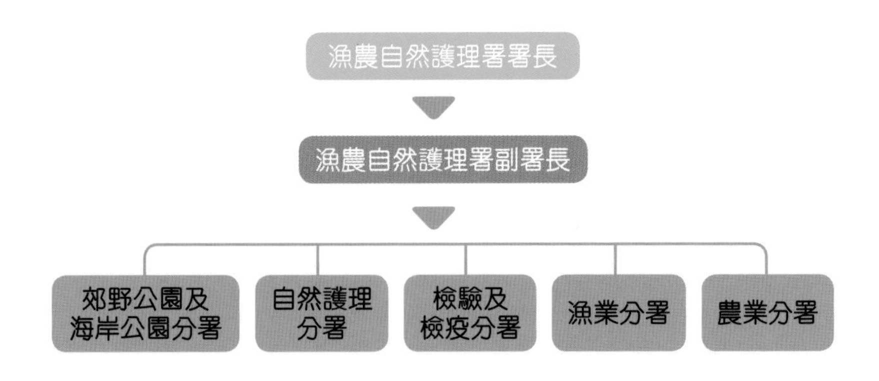

小結

植林和護林是郊野公園的一項重要使命。郊野公園承繼了以前林務部的產業，隨着社會發展及政府架構演變中繼續邁進。在植林方面已經把適合種植的地方大部分覆蓋，林木面積達全港土地的17%。種植的品種多樣化，原生種佔80%。同時，在花崗岩等風化劣地上也能成功植林。

成功的例子是元朗大棠附近的山坡，全為高度風化的花崗岩，以往山火為患，水土流失嚴重，形成很多溝渠（gully），影響景觀和植物生長。自從1986年以來，在大棠管理站職工的努力下，進行了大規模的植林，由於土壤貧瘠，樹木品種以愛氏松、紅膠木、台灣相思、耳果相思、大葉相思，各種桉樹等先鋒樹為主。多年來樹木有良好的生長，2009年開始，進行植林優化工作，期間種植了約80種原生種的樹苗以取代以往所種的「先鋒樹」，效果良好，沿大棠林道旁種植了很多楓香，每年大約十二月初至翌年一月，成為香港賞紅葉的勝地。

如果要看郊野植林的成果，可以觀看由1952年開始，在大欖郊野公園大約每十年同一地點拍攝的植林區照片，可以看到這約70年來的景觀變化。（至2012年已經不能在同一位置拍照了，因為已被樹木遮蓋了。）

大欖郊野公園林木景觀變化（1952 - 2020）

1952
1982
2012
2020

第7章

自然護理教育和宣傳

現代香港是一個人口稠密的商貿城市，市民多居住於高密度樓宇，由於生活環境擠迫，工作節奏急促，對自然環境的認識較淺。為增進他們對自己所處自然環境的了解，政府、環保團體，以及其他有關機構，在過去幾十年做了不少工作，主要在三個領域：

（一）傳播有關自然環境的資訊。

（二）提供學習及考察場地和設施。

（三）組織市民參與自然護理工作。

自然環境資訊的傳播

中國古代有關地方自然風物的記載，主要見於各省、縣的通志及縣志。香港地區在明清兩代，先後隸屬於東莞與新安縣。有關資料年代較近的是清朝嘉慶二十四年（即1819年）的《新安縣志》，其卷三〈輿地·物產〉列出穀類、菜、果、花、草、木、竹、籐、鳥、獸、鱗、介及蟲共十三項，每項有若干種，均有簡單文字敘述。其最主要缺點是沒有圖像，令辨認困難。其次是資料多沿襲舊志，缺乏實地查證、補充及更新內容。此外，亦有少數學者或官員所編寫的書籍、筆記和遊記，如清代屈大均的《廣東新語》、吳綺的《嶺南風物記》和范端昂的《粵中見聞》等，都記錄了一些有關資料，不過，這些書刊印製數量有限，而且只存於官衙或書塾，流傳不廣，百姓閱讀機會少。

到近代，雖然十九世紀初期已有歐洲科學人員及自然愛好者到華南沿海地區考察，但他們多是採集標本，帶其返祖國編寫書刊，對本港整體自然科學領域探討者則少。這種情況，一直到1930年代才開始改變，其主要推動者，就是香樂思博士（Dr. G. A. C. Herklots）。

香樂思於1928年在英國劍橋大學取得博士學位後，應聘到香港大學任生物學講師。他有感於當時本港科學普及資訊的缺乏，遂聯同當時任皇仁書院校長的古祿（A. H. Crook），創辦及主編科普季刊《香港博物學家》（*The Hong Kong Naturalist*），邀請了一批知名生物學家及民俗學家撰稿，如費恩神父（Fr. D. Finn S. J）的舶遼洲（南丫島）考古報告；天文台科學主任郗活（G. S. P. Heywood）之香港氣象及遠足路線；政府中文顧問宋學鵬寫新界地方歷史及掌故；港大生物系L. Gibbs寫植物；A. M. Boring寫兩棲類動物；W. Setchel寫藻類；W. Fowler寫海魚；古祿寫昆蟲，而香樂思本人則主攻植物和鳥獸。此外，多位國內生物學學者如金紹基、秉志、沈家瑞、曾呈奎、林書顏等，也在此刊物發表文章。《香港博物學家》是一本融合中西學者、專業與普羅、文史與科學、文字與圖像的雜誌，其經費來源，靠香氏在自己薪酬中抽出175英鎊，以及向英美科研機構申請資助，才能持續出版十年。全套十卷，至1941年才因香港淪陷而停刊。此刊物以英語為媒介，故傳播範圍不廣。

另一方面，香樂思自己主編的《香港博物學家》（*The Hong Kong Naturalist*）之〈蘭花首二十種〉（*Orchids, First Twenty*）及〈具美麗花朵的灌木與樹木〉（*Flowering Shrubs and Trees*），於1937及1938年由香港大學出版；《食物與花卉》（*Food & Flowers*）兩冊，於1948 – 1953年由港府農林漁業管理處出版。

此外，為增加本港中外市民對本地食用海水魚的認識，特別是何者可食或不宜食用。他和林書顏於1940年出版中英文對照的《香港食用魚類圖志》（*Common Marine Food - Fishes of Hong Kong*），並附有中西式烹飪法，務求擴闊食用魚種類，以達物盡其用的目的。

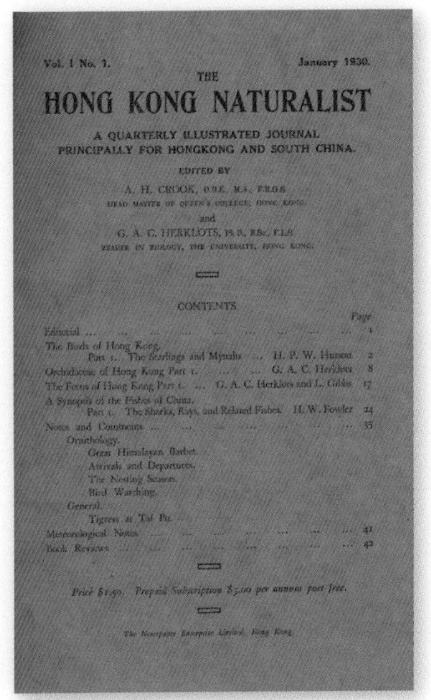
Vol. I No. 1. January 1930.

THE
HONG KONG NATURALIST

A QUARTERLY ILLUSTRATED JOURNAL
PRINCIPALLY FOR HONGKONG AND SOUTH CHINA.

EDITED BY
A. H. CROOK, O.B.E., M.A., F.R.G.S.
HEAD MASTER OF QUEEN'S COLLEGE, HONG KONG.
and
G. A. C. HERKLOTS, Ph.D., B.Sc., F.L.S.
READER IN BIOLOGY, THE UNIVERSITY, HONG KONG.

CONTENTS

	Page
Editorial ...	1
The Birds of Hong Kong. Part 1. The Starlings and Mynahs ... H. P. W. Hutson	2
Orchidaceae of Hong Kong Part 1. ... G. A. C. Herklots	8
The Ferns of Hong Kong Part 1. ... G. A. C. Herklots and L. Gibbs	17
A Synopsis of the Fishes of China. Part 1. The Sharks, Rays, and Related Fishes. H. W. Fowler	24
Notes and Comments ...	35
Ornithology. Great Himalayan Barbet. Arrivals and Departures. The Nesting Season. Bird Watching.	
General. Tigress at Tai Po.	
Meteorological Notes ...	41
Book Reviews ...	42

Price $1.50. Prepaid Subscription $5.00 per annum post free.

The Newspaper Enterprise Limited, Hong Kong.

《香港博物學家》創刊號封面

戰後，香氏將其在淪陷時期被囚於赤柱集中營時所編寫的《香港的鳥類》（*Hong Kong Birds*）及《香港的蔬菜種植》（*Vegetable Cultivation in Hong Kong*）的草稿整理和補充，於1947年由南華早報出版，前者成為本港早期觀鳥者的隨身手冊。

香氏於1949年離開香港，轉往非

洲和南美洲繼續自然資源研究及發展工作，但他對香港念念不忘，工餘時以居港時期日記中有關郊野動植物資料整理，編成《*Hong Kong Countryside: Throughout the Seasons*》，於1951年由南華早報出版。此書可算是他在港經驗的結晶，也成為眾多香港居民認識本地郊野的啟蒙讀物。[1]

1950年代，有關本港博物的書刊，特別是有關植物、園藝與觀鳥者漸多，但大部分是以英文為媒介，讀者多為外籍人士。同一時期，國內政局變動，不少對中國動植物有認識的人士，移港定居。他們以專欄小品方式，在本港主要的中文報章用筆名發表（如王芬、于徵），其中影響最大的，就是1957年葉林豐的《香港方物志》。

葉林豐原名葉靈鳳，早年生活於上海，是著名作家。他雖然對香港的自然風物認識不深，卻能運用其他學者的第一手資料，將其發揚光大。其長處是吸收西方自然文學的實證優點，注入中國草木蟲魚小品中，一改感慨多，觀察少，真實細節不足的舊貌，使讀者易於吸收。

有鑑於本港動植物資訊之不足，特別是牠們的形狀與動態，香港市政局於1969年開始，編製以彩色相片及繪圖為主，配合簡單文字介紹的

1 此書絕版已久。近年，本港自然教育工作者彭玉文，取得香氏家人的同意，將其翻譯為中文，並加入註釋、導讀和彩色照片，由中華書局（香港）出版，書名為《野外香港歲時記》（2018年）。

動植物科普書刊。主題包括：樹木、花卉、蔬菜、水果、竹類、禾草、昆蟲、地衣、淡水魚類等共十多冊。除最初幾部只印英文版外，其後的全部均有中、英文版，很受市民歡迎。直至1990年代，市政局因政府簡化行政架構原因而撤銷，故終止出版。政府「撤局」（社會人士稱為「殺局」）之舉，引致自然科普刊物的刊行出現空缺，幸而不久便得到填補。

前市政局以香港植物為題的圖鑒

「郊野公園之友會」於1994年成立後[2]，除協助政府護理郊野設施外，亦致力為市民提供本地自然景物的資訊。從2001年開始，聯同漁護署，編寫和出版有關本地博物的書刊，包括樹木專題的紅樹林、風水林；瀕危物種的綠海龜和中華白海豚；野外昆蟲的蝴蝶與蜻蜓；自然保護區域的濕地公園、海岸公園和地質公園；鄉村風物的南丫島、大澳和坪洲；本港初級產業的農業及漁業，以及行山路線和郊遊設施等。

2 「郊野公園之友會」於1994年成立，主要成員來自郊野公園委員會的退休成員、熱心人士和漁農處退休官員。此會是一個非牟利組織，協助郊野公園出版書籍及舉辦活動。直至2019年，已出版了約200種有關郊野的書籍和刊物，並贊助多項相關活動。

漁護署與「郊野公園之友會」，合作出版了不少有關樹木的書籍，包括《賞樹手記》（2004年）、《郊野樹蹤》（2017年）。而漁護署也出版了《香港野外樹木圖鑑》（2008年）、《香港植物檢索手冊》（2015年,修訂版）和《香港市區常見樹木圖鑑》（2018年，第三版）。在2000年代，漁護署還出版了一系列辨認本地物種的野外指南和圖鑑，以鼓勵市民認識自然和保護香港的生物多樣性。

郊野公園之友會出版的各類書刊

除了書籍，漁護署還印刷不少有關植樹、防火，及郊遊安全的小冊子。同時，在網頁上發佈有關樹木的知識，以及郊野植林歷史等資料。而且，不時舉辦公眾講座，並設各種導賞活動，更為學校提供導賞服務，務求將環保教育帶入校園。

至於專業性的自然科學書籍，則由政府新聞處及本地各大學的出版社刊行。

另一方面，香港的環境保護團體、有關自然的專業學會，以及本地旅行團體，均有出版自然保護各領域資料的刊物，而主要的報刊和電子傳播媒介，均經常傳播有關資料。總而言之，自然保護資訊的傳播，近年可稱為百花齊放。

隨着科技及社交訊息的普及，漁護署更曾開發了主題網站及流動應用程式（Mobile Apps），例如「郊野樂行」、「地質公園」、「樹木研習徑」、「植林者Forester」等，從電子渠道分享郊野資訊。

提供實地考察的設施

自然教育徑

實地考察是認識和欣賞郊野景物的良好方法。早在1950 – 1951年，當時的林務部在大埔滘自然護理區闢建三條山徑（分別以紅、黃及藍色為名），供市民觀賞當地動、植物及吐露港景色，期後改為紅、黃、藍及啡色四條山徑。不過，當時沿徑並未有設立標誌和解說牌。1973年，漁農處分別在港島石澳的雲枕山（龍脊）及九龍西北面的鷹巢山，建立首批自然教育徑，又出版導遊手冊，供郊遊者使用，並在沿徑適當地點設立觀景台或傳意牌，介紹該處的景觀特色、岩石和動植物。此外，又在城門水塘附近建立標木林，使訪客有機會近距離觀察和認識本港的樹木、灌木及獨特和珍稀植物。郊野公園成立後，陸續於多個地點建立自然教育徑，包括大埔滘、八仙嶺、新娘潭和香港仔，其後在紅梅谷、北潭涌、上窰、荔枝窩、馬屎洲、蕉坑、大欖涌等地共建了15條自然教育徑，綜合介紹沿徑的地理、文化和動植物，是學習及認識郊區環境的好去處，其中在荃錦公路旁的「甲龍林徑」，更是以介紹林木為主的自然教育徑。

樹木研習徑

在2000年後，市民對樹木的興趣大增。有見及此，漁護署在各區郊野公園設立了16條「樹木研習徑」，介紹了96種香港郊野常見的樹木。這些樹徑路程不長，在樹旁有彩色傳意牌，深入淺出地介紹該處的樹木及功用，並出版了《郊野樹蹤》，書中詳細介紹每一條樹木研習徑的資料。與此同時，還在香港仔郊野公園入口處建立了一個「樹木廊」的展覽館，專門介紹與樹木有關的知識。

樹木研習徑

遊客中心／教育中心及專題展覽

1980年代開始，漁護署於郊野公園設立遊客中心，除有職員解答遊客查詢，亦設有小型展覽，介紹該區郊野公園的自然生態、人文歷史及景點。郊野公園內現時提供8個遊客中心及教育中心，分別位於西貢的北潭涌、蕉坑及清水灣；荃灣的城門水塘、大帽山、大嶼山的昂平、港島區的香港仔以及鰂魚涌柏架山道的林邊生物多樣性自然教育中心。此外，漁護署曾與康樂及文化事務署轄下的博物館，合辦有關自然環境護理的專題展覽，例如在1978年舉辦的「香港植物標本室成立100周年的展覽」。香港歷史博物館及香港科學館亦常設有關香港地區的自然歷史及生物多樣性的展館，使本港、國內和海外人士有機會認識香港自然歷史的概況。

林邊生物多樣性自然教育中心

獅子會自然教育中心

自然教育的普及，除了政府機構的推動外，社會服務團體的參與，亦同樣重要。西貢蕉坑獅子會自然教育中心的建立，就是一個成功的例子。

戰後初期設立於西貢蕉坑的政府實驗農場及鄉村植林示範區，到1980年代末，隨着社會經濟的轉型，逐漸失去其原有的功用，當時政府邀請國際獅子總會港澳303區，合作發展為推廣自然教育的場所，它分為室內及戶外兩部分，室內部分包括農業館、昆蟲館、漁業館、貝殼館和郊野展品館（現改為地質公園遊客中心）。戶外部分則利用原有的果樹和耕地，作為考察自然的活動地點，另有一個中草藥園和由聽障人士營運的「聽鳴茶座」。自1991年6月開放以來，成為中小學學生實習自然科目的場所，也是市民郊遊的好去處，遊客紛紛慕名而來。為配合《幼稚園教育課程指引》的「大自然與生活」之學習目的，漁護署與教育局合作，在2017年製作了一套供教師使用的《郊野遊蹤》學習活動資源套，讓幼兒走出課室到獅子會自然教育中心進行戶外學習，透過自由探索、與大自然互動、有趣的小實驗和運用多種感官進行探索，培育他們尊重、欣賞和珍惜自然環境及天然資源及愛護大自然的價值觀和態度。

獅子會自然教育中心

美果園

中草藥園

獅子會自然教育中心

昆蟲館

漁館

農田

瀕危物種資源中心

為提高公眾對保護瀕危物種的意識，並為對保護瀕危物種有興趣的人士提供學習及交流意見的場所，漁護署於2001年，在九龍長沙灣政府合署六樓漁農自然護理署總部設立了「瀕危物種資源中心」。它是全港首個同類型的設施，展出超過600個標本，所屬的瀕危物種數目約200種，大部分展品都是在本港採取執法行動時充公所得。很多展品具有非常高的存護價值，例如大熊貓毛皮、西藏羚羊皮及披肩、完整的老虎標本、犀鳥頸鍊和加工象牙。除此之外，其他展品包括鱷魚、短吻鱷和蜥蜴製成的皮革物品；來自雲豹、獵豹、獅子等多種稀有貓科動物的皮毛；以原支象牙和海龜甲殼製成的裝飾品等。資源中心亦展示幾類活生生的瀕危物種，如鷯哥、綠鬣蜥，以及屬高度瀕危的龍吐珠魚和輻紋陸龜。訪客亦可透過放大鏡，察看並學習分辨象牙與長毛象牙標本，及真、仿海龜殼飾物。

瀕危物種資源中心

香港濕地公園

2005年，當局在新界西北部天水圍建立一個面積達61公頃的「香港濕地公園」，作為天水圍新市鎮及米埔天然濕地之間的生態緩解區外，亦為本港市民及國內和海外遊客，提供一個教育及綠色旅遊設施，去欣賞及認識香港的濕地生態系統。

香港濕地公園

地質公園

香港地質公園在2009年成立之後，積極推動科普教育及地質公園社區的社會與經濟可持續發展，現時已建立八個不同類型的地質公園遊客中心，包括有兩間地質教育中心、四間故事館、一個地質公園學習園地，和位於西貢市中心介紹火山科普知識的「火山探知館」。這些展館都得到當地社區的大力支持與參與，由當地居民負責管理工作及為遊客提供導賞服務，內容涵括當地的地質、生態、歷史文化和生活往事。

組織市民參與自然護理工作

從認識到明瞭人類與大自然的密切關係後，市民多會興起直接參與有關保育工作的意念，為迎合這種需求，當局組織了一系列的有關活動，其中以植樹工作為重點。

大眾植樹

1957年，漁護署首次舉辦全港性的「植樹節」，分別在五個地點同時舉行，各區內的中、小學生由教師帶領到指定的山坡植樹，使參加者認識植樹的過程和育林及護林的重要性，進而支持有關保育工作。此後，每年均在春季舉辦大眾參與的「植樹日」。在1997年回歸後，香港的植樹日更有政府官員和解放軍駐港部隊參與，在不同地點負責一個小區域植樹，和植後三至五年的培育工作。另一方面，亦每年在適當地點舉行「大眾植樹日」，使市民大眾均有機會親手植樹。

1957年開始的「植樹節」

企業植林

自1998年開始，為了鼓勵企業及團體參與「企業植林」計劃，本地工商機構、非政府機構和教育團體會獲邀捐贈資源，在郊野公園範圍內一個選定地點植樹10,000棵，並負責管理三年。多年來有不少本港的企業公司如中華電力公司、香港電燈公司、國泰航空、長江實業、新鴻基地產、童軍總會等44家企業和機構參與，建立的林地達72片，所種植的樹木約90萬棵。這對加快郊野公園範圍的綠化工作，大有幫助。

學校植林計劃

該計劃專為中、小學而設，使學生自幼學習植樹，並負責培育三至五年。所謂「十年樹木」，讓他們通過實習從小養成愛樹護林之心。不少學校積極參與有關計劃，而當局會在林地豎版留為紀念。

郊野長青計劃

有關計劃是為行山團體和機構而設。於1979年，郊野公園建立後開始一直進行。由參加者負責植樹和護理，透過接觸大自然和參與保育工作，協助郊野公園的清潔和綠化環境。該計劃獲不少志願機構的贊助及參與，如扶輪會、獅子會和旅行團體等。

植林優化計劃

漁護署在2009年底開展「郊野公園植林優化計劃」，於郊野公園內的植林區疏伐老化的外來樹木品種，並改植原生品種，和進行除草、施肥及修枝等護理工作，以改善林區生態和樹木健康、減少蟲害和提高林區的可持續性及生物多樣性。自2016年起，具備樹林護理工作經驗及生態保育專業知識的非政府機構，可參與並向公眾推廣郊野公園植林優化計劃，迄今共有八個合資格的機構參與。他們透過舉辦植樹活動、育林工作、問答遊戲及樹苗生長監測等活動，讓公眾或企業員工參與及認識計劃的目的。至今，參與的人數超過七千人。 此外，漁護署近年舉辦的大眾植樹活動亦積極推廣植林優化，讓公眾於優化地點種植原生樹苗，從而提高林區的生物多樣性。

公眾宣傳

於公眾層面，例如電台、電視台及報章等大眾媒體，尤其在防止山火及遠足安全方面作出許多教育訊息。

1996年2月10日，八仙嶺發生一場大型山火，該慘劇導致3名學生及2名教師死亡，事件引起全港市民的關注，尤其是有關山火的危險、防範和遠足的安全。由1996年起，漁護署加強宣傳防火及遠足安全訊息，除了出版《遠足安全》小冊子，更舉辦郊野安全講座，於電視節目及公眾地方宣傳，並聯繫政府部門，鼓勵電訊服務商於郊野公園安裝緊急求助電話，及把無線電話網絡覆蓋至郊野地區。同時，在長

長途遠足徑上的標距柱

途遠足徑加設「標距柱」，讓遠足人士遇到緊急事故，可利用就近之標距柱説明其位置，以協助搜索及救援行動。有關措施大大加強了戶外活動的安全，也有助迅速報告山火的位置及到場撲滅。近年，漁護署除了製作電視宣傳片及電台宣傳聲帶推廣遠足安全外，社交媒體及義工推廣近年亦是宣傳工作的重要一環。

「體驗自然」郊野公園教育活動和義工計劃

2002年，漁護署推出了一系列名為「體驗自然」郊野公園教育活動，加深公眾認識香港的郊野公園、生物多樣性、植物護理和地質特徵，從而提高愛護自然環境的意識。同時，郊野公園及香港濕地公園亦推出「義工計劃」，讓市民參與巡邏、導賞、宣傳及護理林木的工作，包括清除外來入侵物種、植樹、除草及施肥等，每年有數以百計的市民加入有關行列。他們透過身體力行的活動，認識和了解自然保育的重要性，是最佳的宣傳教育。

郊野公園義工

「體驗自然」郊野公園教育活動

自己垃圾 自己帶走

自己垃圾 自己帶走

漁護署在2015年起聯同環保團體及遠足隊展開了「自己垃圾 自己帶走」公眾教育計劃，鼓勵公眾身體力行支持環保工作，養成良好習慣，到郊野公園遊覽後把垃圾帶走，以減少垃圾影響景觀及野生動物。計劃透過宣傳和教育活動傳遞保持郊野公園清潔的訊息，並動員自然大使及遠足巡邏義工，到各郊野公園清理遠足徑的垃圾，同時向訪客推廣減廢及帶走垃圾。郊野公園配合採取管理措施，逐步移除垃圾桶，而郊野公園遠足徑的垃圾箱和回收箱於2017年年底已全部移除。經過漁護署及各支持團體持續推廣，市民大眾已習慣「自己垃圾 自己帶走」，同時，在郊野公園收集到的垃圾數量亦有所減少。

自己山徑自己修

郊野公園有超過500公里的遠足徑網絡，由漁護署負責建造、管理和維修，遠足徑網絡四通八達，連繫了遊人與大自然。多年來，漁護署員工一直以簡單工法，因應地理環境設計及修築山徑，盡量就地取材，利用天然物料如石頭、木條等進行修築。然而，山徑長年受雨水沖刷，加上近年行山、跑山活動大增，維修山徑的逼切性也大增，但在有限的人力資源下，工作面對很大挑戰。同時，公眾對修建山徑的方法及帶來的環境影響日益關注。故此，漁護署透過開展「自己山徑自己修」公眾參與計劃，與持份者一同解決修建山徑的問題。

自己山徑自己修

自2016年起，漁護署招募「有心有力」的市民為義工，再由具經驗的前線員工帶領，一同修築山徑。計劃由最初與關注團體交流、舉辦公眾論壇、進而邀請義工實地參與修築山徑工作，讓他們一面了解山徑損耗的原因，一面學習維修山徑的不同方法。義工不僅體驗到修築山徑工作的艱辛，更享受到為郊野公園建設的滿足感。該公眾參與計劃數年來吸引了不少媒體的正面報道，而義工們亦踴躍地在社交平台分享其獨特的工作體驗，進一步推廣可持續使用山徑的觀念。

郊野公園40周年

大型公眾活動

香港首批郊野公園於1977年成立。多年來，公園除了保護環境，也為數百萬人提供了康樂與教育的好去處。於2017年，為慶祝郊野公園40周年的里程，漁護署以「郊野四十·承傳共行」為主題，舉辦了一連串慶祝活動，包括「郊野樂同行」大型遠足活動、環保親子露營、野趣深「導」遊、植林優化計劃、遠「築」工作坊、「識」樹遊藝日、賞玩嘉年華，以及巡迴展覽和講座。藉着周年慶祝，漁護署亦加強其他保護自然環境的計劃，包括存護樹木、生物多樣性和推廣減廢等。

麥理浩徑於1979年10月26日啟用，是香港最具標誌性的長途遠足徑。為了紀念麥理浩徑在2019年踏入40周年，漁護署以「夢想100公

麥理浩徑40周年

里+」為題，舉辦了一系列慶祝活動，包括麥徑通走、同樂日、山徑維修工作坊、麥徑營人及題材豐富的深導遊，讓公眾體驗各路段的特色。漁護署更製作了一系列短片介紹麥理浩徑的迷人景致、當中的自然瑰寶和各路段的特色。另一輯短片則介紹麥理浩徑的歷史，及專訪多位山徑使用者對麥理浩徑的難忘回憶及熱愛。市民及海外遊客可透過慶祝活動及短片，進一步了解這條傳奇山徑的自然生態、文化、歷史、地質地貌和鄉土魅力。

除了舉辦活動讓市民認識郊野公園植林史和生物多樣性的重要性外，2019年，漁護署就提升郊野公園及特別地區的康樂及教育潛力進行公眾諮詢，聽取市民的意見。四項優化建議，包括改善現有設施、在歷史遺蹟設立開放式博物館、引入樹頂歷奇活動和提供升級露營地點與生態小屋，均得到市民的支持。漁護署會分階段落實各個優化方案，而部分優化方案，例如新的觀景台及加水站，亦已於2020年陸續開放給市民使用。

郊野公園40周年植樹活動

郊野公園40周年植樹活動

麥理浩徑40周年樹上歷奇活動

小結

自然保育工作的進展，除了漁護署的推動外，市民的支持及參與，亦同樣重要。教育和宣傳能增進市民對自然的認識，從而支持自然護理的政策與執行。香港在有關方面，多年來已取得良好的成績，但其後的持續發展，仍有賴各界的共同努力。

第8章

城市周邊地帶的植林

長久以來，香港郊區的植林工作，主要是由漁農署的林務部負責。自1977年郊野公園成立以後，植林的範圍集中在郊野公園內，公園外的郊區和新市鎮周邊地帶的植林工作，則未有部門負責。

政府在1986年設立拓展署（Territory Development Department, TDD）[1]，專門負責開拓及發展新界郊區，新市鎮及填海工程。隨着工程項目的展開，拓展署在短短18年之內在郊區進行了大規模的植林工作。它在2004年與土木工程署合併，成為土木工程拓展署（Civil Engineering and Development Department, CEDD）。

至於市區樹木的種植和管理，在香港有長遠的歷史，包括在路旁、公園、屋邨、私人住宅和公共空間的綠化，美化環境，這些工作由多個不同的部門和機構負責。而且，都市環境與郊區有很大的分別，由於市區人口眾多，可種植的空間有限，土壤和水份供應亦不理想。市區植樹是個重要但複雜的課題，受到政府和專業人士的重視，以及市民的關注。當局為此做了很多的工作，本書只能概括陳述。

---

1 新界拓展署成立於1973年，市區拓展署則成立於1980年。1986年4月，布政司署地政工務科改組，兩署合併及易名為「拓展署」（Territory Development Department, TDD），見《拓展署30周年特刊》，2003年。2004年7月1日，它與土木工程署合併成為「土木工程拓展署」（Civil Engineering and Development Department, CEDD）。

拓展署的植林工作

自從1970年代新市鎮開始發展，市鎮附近的環境改善備受各界重視。新市鎮位於新界，大都在山腳或海旁地帶。填海造地需要採泥，山坡上留下的疤痕造成景觀上的破壞，這些採泥區包括元朗的大棠、西貢北約的灣仔半島、大埔八仙嶺山腳的洞梓，它們雖然遠離市鎮，但在整體景觀和生態上造成了破壞，需要補救。其次是在新市鎮周圍也有一些石礦場，這些石礦場採石完成後形成很大的疤痕，如港島的石澳石礦場、東九龍的安達臣石礦場、南丫島索罟灣石礦場等，亦需修補復原。

除了這些人為造成的景觀破壞之外，在新市鎮附近的山坡，郊野也有不少水土流失，形成劣地或溝渠的情況，引致植被稀薄，景觀欠佳。拓展署在新市鎮內進行綠化之外，還致力改善城市附近的環境，規劃了一系列的「綠化帶」，其中多為樹木稀疏者。這些地區都在郊野公園範圍之外，植林綠化的工作就由拓展署負責。從1980年起，拓展署在三類地區進行了大規模的植林工作：

（一）採泥區，石礦場的景觀復修工程。

（二）新市鎮附近的郊區，特別是受水土流失影響的地方。

（三）市區旁「綠化帶」的美化植林。

1989年，土地及工務局發表了《大都會景觀策略》(Metroplan Landscape Strategy)，確定在都市邊緣有大約3,000公頃受破壞的土地，有些是受水土流失而光禿的山坡，有些植被曾多次遭山火焚燒而成的劣地，還有一些是曾被霸佔成為木屋區或僭建的山邊；這些地區都需要復修，最好的方式是建立植被和造林，重建生態環境。

在拓展署中首先成立了「景觀核心團隊」(Landscape Core Team)，共有6 組人員分別負責6個新市鎮，每組有一景觀設計師 (Landscape Architect)、一林務主任、一農業主任，加上高級及一級農林督察各一名，共五人合組而成。他們主要工作包括：

(一)確保景觀保育和生態發展在工程中受到重視。

(二)執行在大都會景觀策略中的景觀復修和改善工作。

植樹和景觀復修的地點、方式、植樹品種和種植方式由小組的專業人員制定，而執行的工作交由合約外判商負責。所需樹苗大部分在外地或本地購買，小部分由漁農處的苗圃供應。

當時曾負責植林工作的林務主任曾分享了昔日植林的情況。[2]他分別論述了三方面的植林：

---

2 Chong S. L. (1999), "*Restoration of Degraded Lands in Hong Kong*" in Wong M.H., Wong J.W.C., Baker A.J.M.(Ed.) *Remediation and Management of Degraded Lands*; CRC Press, Florida.

（一）採泥區。

（二）水土流失區。

（三）市鎮邊緣地帶。

採泥區（Borrow Area）

在採泥之前，其景觀復修設計已經開始，把綠化的方式包括在計劃當中。採泥區的最後地型，坡度，排水渠道和工程道路都事先計劃好，這樣採泥的工程可以減少對環境的影響。同時，改造後的地形可與鄰近的自然地理環境融合，減低改造痕跡。

地形由頂部向下伸延，並預留一些表層泥土以利日後種植之用。首先利用液力噴播機，把水、草籽、纖維覆蓋物、黏合劑、肥料和染色劑等混合漿料噴到地面上，建立保護層穩定泥土，草籽發芽生長而形成草被。一、兩年後在雨季再種樹苗，以1–1.5米的間距，施上慢速釋放的肥料。所選的樹木品種以先鋒樹種如相思，桉樹，松樹為主，經過一段時間在不同地點一些原生種，如潤楠屬（學名*Machilus* spp.）、假蘋婆（學名*Sterculia lanceolata*）和鴨腳木（學名*Schefflera heptaphylla*）會在幼林中自然生長。幼林中的原生樹種生長較慢，成活率由25%至50%不等。最成功的個案是西貢海下灣東北的灣仔採泥區，復修後的山脊和山坡與附近自然環境相配合，而且植林也成功。自2009年起，漁護署在原植有外來品種的樹林，疏伐部分樹木，間植原生樹種，效果良好。在大棠採泥復修區也採用相同方式，亦取得良好成果。

值得一提，是採泥區復修後土地大部分被劃入郊野公園，以方便永久管理。大棠採泥區於1995年4月劃入大欖郊野公園；灣仔採泥區於1996年6月劃入西貢西郊野公園，作為擴建部分。而採泥區所形成的平台和工程路，就成為重要的露營、康樂及郊遊地點。

修復後的灣仔採泥區成為景色優美的露營場地

水土流失區（Eroded Land）

大棠採泥區復修植林

這些土地大都在山頂或山脊，拓展署首先以空中攝影照中確定位置，再進行實地檢視。這些地區的大部分表土已流失，有些更形成溝渠(gully)，既影響都市的視覺環境，雨水沖刷出來的沙泥也導致市區排水渠的淤塞。

治理的方法是首先用沙包填堵溝渠，防止進一步的沖刷和水土流失，在堵塞的溝渠中沉積泥沙以便種植，因為土壤貧瘠，只可以穴植方式種植速生樹種，工作由承辦商去執行。在偏遠地區如大嶼山、南丫島的山頂地點，由於交通不便，就要利用直升機運送樹苗。所選的樹種是相思，因其有固氮功能，和桉樹品種因其有耐旱和耐火的功能。這些工作成功地減少了市鎮和郊區山頂劣地的面積，改善了視覺景觀和生態環境。與此同時，還在林區旁設立防火界和小徑，以方便撲滅山火和護林，同時亦修建一些小徑供市民郊遊。

市鎮邊緣地帶（Urban Fringe）

這是《都市景觀策略》所涵蓋的一部分，目的是把鄉郊森林伸延到新市鎮和舊都市邊緣地帶。長久以來，這些地區受到非法僭建、開墾、人為和自然的破壞，成為都市景觀中的礙眼處。拓展署首先針對在市區附近的廢棄採石區和風雨侵蝕破壞的地點，如佐敦谷、藍田和鯉魚門等地進行復修，其方式與劣地和採泥區相同。不過，由於這些地區接近市區，復修時要注意日後的使用，同時因為接近市區在管理方面也比較方便，可以種植更多原生種和觀賞樹木。修復過程中，首先播植熱帶地區的「香根草」（學名*Chrysopogon zizanioides*）。此草耐暑、耐澇，能適應劣土，生長迅速，可高達1.5米，根垂直向下生長呈網狀結構，對控制水土侵蝕，固定土層很有幫助。初步改善植地表土，然後種樹，成果較好。當樹木長成，綠葉成蔭時，這香根草因陽光不足而自然枯萎。

市鎮邊緣的種植還包括新市鎮附近的山坡，如沙田、大埔、將軍澳、九龍北部獅子山山坡、屯門東北山坡、濕地地區。這些地區綠化後，除方

屯門小冷水植林

便新市鎮居民參與康樂活動外，也為野生動物創造良好的生長環境。

東涌市區邊緣的植林

根據拓展署由1986年至2004年的記錄，每年平均種植約一百萬棵樹/灌木苗，面積和範圍相當廣泛，而各區種植樹苗的數目則難作出統計。

在這類政府土地上植林，承辦商除負責定植工作外，還要負責保養樹林兩年，然後交給漁農處負責管理，包括補植、除草、施肥、修枝和防火等工作，這也是交由承辦商去執行。由1988至1996年，8年間共有275公頃，28個地點，約1.5百萬株樹交給漁農處管理。[3]

所種的樹木品種約有47個，其中15個為外來品種，其餘為本地種。雖然外來品種的類別較少，但所佔的樹木數量比較大，而本地原生樹種雖多，所佔的數量只有約30%，而且它們的成活率也較低。這可從《港口

3 Lau S.P. & Fung C.H.,(1999), "*Reforestation in the Countryside of Hong Kong*" in Wong M.H., Wong J.W.C., Baker A.J.M.(Ed.),*Remediation and Management of Degraded Lands*; CRC Press, Florida. pp.195-200.

及機場發展策略》中的生態補償種植中見到，在重建60公頃，由於機場及道路所影響的大嶼山北岸和東涌的八萬棵原生樹木當中，只有少量能夠健康成長。有研究顯示外來樹種在早期生長會較原生樹種快，但在約十年後則相反。所以，在香港的自然環境下，為了防止水土流失或盡快建立植被，先種外來品種，待當地生態環境改善之後，再「間植」原生樹種比較適合。[4]

南丫島菱角山改善水土流失植林前（2004年）

南丫島菱角山復修後的景色（2017年）（此組對比圖片由土木工程拓展署提供）

4 Cheung . K. W.,（1999）, "*Field Evaluation of Tree Species for Afforestation of Barren Hill Slope in Hong Kong*", in Wong M.H.,Wong J.W.C., Baker A.J.M.（Ed.）*Remediation and Management of Degraded Lands*; CRC Press, Florida. pp. 225-234.

沙田排頭坑改善水土流失植林前（1987年）

沙田排頭坑復修後的景色（2004年）
（此組對比圖片由土木工程拓展署提供）

小結

1980年代起，拓展署在新市鎮的周邊郊野地區，進行了大規模的植林，並取得佳績。這些樹林的護理工作應予延續。

第9章

市區樹木的種植與護理

開埠初期

英國據有香港島初期（1840至1850年代），建市區於島的北岸中部，稱為「維多利亞城」。該處除了「政府山」的一個坡地外，沿岸平地很少。屋宇都建於新近填海而成的狹長地帶，其地段多為外國商行高價投得，興建商業樓宇和碼頭。而到來謀生的歐洲人和中國人，則分別聚居於「城」的東、西兩面。由於樓宇和街道狹窄，故無路旁植樹可言。到1860年代，才開闢了一個面積細小的公園（兵頭花園），樹木也不多。另一方面，英國為建立香港成為她在「遠東」擴張的基地，將「城」東面的山坡地，以及稍後再「租借」的南九龍尖沙嘴一帶，劃為「軍事用地」。區內除兵房和軍用設施外，更種植了不少樹木，主要為榕樹、樟樹、石栗和朴樹。到二次大戰後，英國軍事勢力逐步退返歐洲，才分階段將這些軍事用地交還香港政府，先後發展為「九龍公園」（於1980年代）和「香港公園」（於1990年代），成為市中的兩個「綠洲」。此外，十九世紀末期，九龍的中、英分界線，已北移至界限街，港英政府為發展油麻地和旺角，在尖沙嘴沿兵房闢建一條寬闊的馬路，由南至北通向界限街，稱為彌敦道，並在路的兩旁，種了一批細葉榕樹。百多年來，經歷無數颱風襲擊和各種原因的破壞，至今仍有數十株生長，成為本港行道樹中的「長老」。

二十世紀初期，港九市區人口已達50萬，但除中環的香港動植物公園（俗稱「兵頭花園」）外，只有兩個面積細小的公眾花園，一為上環水坑口對上的卜公花園，由拆卸「鼠疫區」樓宇改建而成，以及位於九龍油麻地佐敦道與廣東道交界的佐治五世紀念公園。[1]這段時期公眾花園及市區路旁植樹，均由植物與植林部的花園組（Gardens Division）負責。

彌敦道尖沙咀段的細葉榕（約1900年）

1 朱鈞珍：《香港園林》，三聯書店（香港），1990年，第20頁。

自1864年，香港動植物公園落成後，透過與世界各地植物園的交換和其他渠道，引進了許多各地的奇花異卉，和具美麗花朵或形狀奇偉的樹木，作為本港公園美化和行道樹之用。該段時期常用的主要原生和引入品種如下：

原生種		
名稱	學名	附註
細葉榕	*Ficus microcarpa*	-
樟樹	*Cinnamomum camphora*	-
陰香	*Cinnamomum burmannii*	-
朴樹	*Celtis sinensis*	-
洋紫荊	*Bauhinia* x *blakeana*	花紫紅色
外來種		
名稱	學名	附註
木棉	*Bombax ceiba*	花深紅色
石栗	*Aleurites moluccana*	-
大葉合歡	*Albizia lebbeck*	-
苦楝（森樹）	*Melia azedarach*	花紫色
宮粉羊蹄甲	*Bauhinia variegata*	花淺紅色
紅花羊蹄甲	*Bauhinia purpurea*	花紅色
南洋杉	*Araucaria cunninghamii*	樹形高聳如塔
柱狀南洋杉	*Araucaria columnaris*	樹形高聳如塔
假檳榔	*Archontophoenix alexandrae*	樹形高聳壯觀
椰子	*Cocos nucifera*	樹形高聳壯觀
王棕	*Roystonea regia*	-
白千層	*Melaleuca cajuputi* subsp. *cumingiana*	樹皮白色
紅千層	*Callistemon rigidus*	花紅色

外來種		
名稱	學名	附註
串錢柳	*Callistemon viminalis*	花紅色
豬腸豆	*Cassia fistula*	花黃色
鐵刀木	*Senna siamea*	花黃色
黃槐	*Senna surattensis*	花黃色
木麻黃	*Casuarina equisetifolia*	生長迅速
樹頭菜	*Crateva unilocularis*	花黃白色
鳳凰木	*Delonix regia*	花紅色
大葉桉	*Eucalyptus robusta*	-
檸檬桉	*Corymbia citriodora*	-
紅膠木	*Lophostemon conferta*	-
刺桐	*Erythrina variegata*	花紅色
龍牙花	*Erythrina corallodendron*	花紅色
印度橡樹	*Ficus elastica*	-
銀樺	*Grevillea robusta*	-
藍花楹	*Jacaranda mimosifolia*	花藍色
大花紫薇	*Lagerstroemia speciosa*	花紫色
火焰木	*Spathodea campanulata*	花橙紅色
夾竹桃	*Nerium oleander*	-
黃花夾竹桃	*Thevetia peruviana*	花黃色
雞蛋花	*Plumeria rubra*	花黃白色
紫檀	*Pterocarpus indicus*	花黃色

上述外來品種，後來由本港陸續傳入華南地區。直到第二次世界大戰之前，市區內植樹以路旁遮蔭、美化住宅和花園為主，但數量不多，主要林區在市郊水塘和集水區四周。

日軍佔領香港時期，城市內及周邊地帶樹木大部份被砍伐，但動植物公園內珍稀樹木，以及兵房內的大樹，幸獲保留。

戰後的市區樹木

戰後人口劇增，都市擴展迅速，但市區內新植種樹數量不多。新植的樹依舊在新建的道路旁，花園內和市區邊緣。1950年代，政府將港島銅鑼灣的避風塘填塞，改建為維多利亞公園（簡稱「維園」），除提供康樂設施外，種植了大批不同品種的樹木和花卉，成為香港島的新市肺。

市區內種樹主要困難是缺乏政府強力的支持，不論在政策、部門、資金和技術方面都較少留意，當時公眾的要求也不高。在一段很長的時間內，市區內的綠化工作由市政事務署主理，而新界方面則由新界市政署負責，而兩者由市政總署 (Urban Services Department) 統領。當時市政總署服務範圍包括康樂、體育、環境、衞生，而花園及市區樹木綠化工作也由市政總署負責。在都市綠化方面，是以花卉美化為主，大都在花園中進行，在綠化政策和推廣植樹方面未有太大的進展。雖然如此，市政局在1969年開始出版了一系列的樹木、灌木、植物等圖書。同時，每年又舉辦「花卉展覽」，這對市民認識本港樹木和植物有很大的裨益。[2]

2 如《香港樹木》，1969年；《香港灌木》，1971年；《香港樹木卷二》（英文），1977年、（中文），1979年，並於1988年出版了《香港樹木》英文版的合訂本："*Hong Kong Trees*", Omnibus volume by Dr. S. L. Thrower。以後陸續出版了不少有關自然生物的叢書，這對公眾認識香港的樹木，植物有很大的幫助。

在1985年，市政事務署聯同長春社及香港大學做過一次大規模的都市樹木調查，此舉引起大眾及政府部門對區內樹木的關注。調查發現，市區樹木的數量和品種都不多，路旁樹不足8,000棵，其中20%是石栗（學名*Aleurites moluccana*）。[3] 而且，樹木的生長有不少問題，例如空間狹窄、馬路污染嚴重、土壤貧瘠、水份不足、病蟲害、人為破壞及地下公共設施維修對樹木造成的傷害。有些大樹甚至有倒塌的危險，如果樹木管理和風險評估方面跟進不足，易生意外，[4] 這對市區樹木的管理敲響了警鐘。[5]

市區範圍不斷在擴展，人口增多，無論公營房屋、私人屋苑，以至工鋪商廈亦紛紛興建和落成。與此同時，居民對所在社區的環境設施，亦抱有較高的期望。有見及此，區議會透過其地方諮政的功能，向政府提供合適的民生意見。政府於1989年，在灣仔區內的路旁曾種植超過千棵樹木，其中獲得不少機構贊助。可惜，灣仔地少車多，馬路中央及行人路空間不足，許多樹木受車輛廢氣、颱風及人為破壞，令生長情況並不理想，此事卻引起其他社區對改善環境的關注。接着在1990年代，不少區議會都有在區內舉辦植樹的項目。

3 JIM, C. Y.（詹志勇）: "*Evaluation of Tree Species for Amenity Planting in Hong Kong*", Arboriculture Journal, 14（2）（1990）: pp. 27 – 44。
4 有關致命的塌樹意外發生在2008年、2010年、2012年、2014和2018年。
5 YU Chun-ho, Research Office, Information Services Division, Legislative Council Secretariat, 11 June 2019.（2019）, "*Tree management policies in selected places*", Appendix 1, IN15/18-19; https://www.legco.gov.hk/research-publications/english/1819in15-tree-management-policies-in-selected-places-20190611-e.pdf。

1990年後的情況

1990年，香港在規劃標準及指引中列明路旁樹木的種植及保護，成為市區植樹政策中一項重要的指引[6]，由土地發展政策委員會（Land Development Policy Committee）批准並納入「都會設計聲明」（Metro Plan Urban Design Statement）。[7]

為了更有效地在市區範圍種樹，政府於1990年成立了跨部門的「都市樹木工作組」（Inter-departmental Working Group on Urban Trees）。工作組曾出版《香港都市樹木種植及護理》（*Tree Planting and Maintenance in Hong Kong*）[8]和《市區樹木空間指引》[9]，其中有系統地介紹在市區種樹和護理的方法。至此，城市中的綠化工作便有一套標準的處理方式，總算上了軌道。

其實，市區內樹木管理與郊野公園大致相同，但也有幾個主要的分別：

---

6 Hong Kong Planning Standards and Guidelines, Chapter 10, para 2.11（c），（1990）Planning Department。

7 Metro Plan Urban Design Statement, Hong Kong Government, MSG paper no.75 April, 1990。

8 By Richard Webb（1991），"*Tree planting and Maintenance in Hong Kong*", Hong Kong Government Printer, Standing Interdepartmental Landscape Technical Group.

9 Works Branch Technical Circular No. 25/92, Allocation of Space for Urban Street Trees, 26 August 1992.

（一）郊野公園具備保護樹木的相關法例，包括《林區及郊區條例》（第96章）及《郊野公園條例》（第208章），內容已清楚而直接地說明。而市區範圍內有關樹木的保護，要靠很多分散在不同法例中的條文，例如《刑事罪行條例》（第200章）、《環境影響評估條例》（第499章）、《公眾衛生及市政條例》（第132章）、《盜竊罪條例》（第210章）、《簡易程序治罪條例》（第228章），以及《古物及古蹟條例》（第53章）等。郊野公園之外和市區內的私人土地，則要依賴地政署的土地契約中有關《樹木保護條款》和一些行政指引，例如以前環境運輸及工務局所發出的《古樹名木保護指引》(Registration of Old and Valuable Trees, and Guidelines for their Preservation，ETWB TCW No.29/2004)；《樹木保護指引》,(Tree Preservation ETWB TCW No. 3/2006）[10]；發展局也提出新的指引如：《發展工程中樹木保護指引》(Guidelines on Tree Preservation during Development，Development Bureau, DEVB No.10/2013)等。[11]

這些指引只是針對發展和破壞樹木的行為，而且應用範圍廣泛，未能針對各別樹木的保護。至於地契中的條款也不包括1970年

10 2020年4月由發展局改為 Development Bureau,Technical Circular (Works) No. 5/2020, Registration and Preservation of Old and Valuable Trees，和 Development Bureau,Technical Circular (Works) No. 4/2020 ，Tree Preservation.

11 2016 年 4 月發布《樹木管理手冊》，為樹木管理提供指引及標準，並於2018年9 月將《樹木管理手冊》納入《建築物管理條例》（第344章）(《條例》) 內的《大廈管理及安全工作守則》。

前的地契。所以在法例方面，市區與郊野公園有很大的分別。

（二）其次是市區內管理樹木的部門分散，在不同地點上的樹木由十多個不同的部門負責，這可能造成一些真空地區或灰色地帶，因此形成分工方面的混淆。而且不是每個部門都具備樹木管理專業人士，這也造成執行上的困難和技術上的欠缺。在市區範圍內的樹木因地點的分散，管理機構的不同而且生長環境不同，在巡視和護理方面造成漏洞。再加上樹木生長空間的不足，容易感染病害和遭到發展和維修工程的破壞，需要密切留意。

（三）在市區，人煙稠密，樹木與人的關係更加密切，一方面樹木為市區帶來自然生氣，調節氣溫，降低噪音，釋出氧氣，美化環境，豐富生態，為市民提供休憩空間等等好處，但同時也存在不同的風險，樹枝的損落，樹幹的倒塌，都會造成人命的傷亡。所以市區樹木的保護和管理方式應與郊區不同，需要一套更為完善的安全制度和有經驗合資格的人士去監察，安全至上。

（四）在種植樹木方面市區也與郊區不同，郊區植林是大規模的種植，在品種選擇方面比較有彈性，市區內要考慮的因素較多，而且大多以由較大的苗木，要在適當地方種植合適品種的樹木，才可以滿足不同的需要和環境條件。

在跨部門都市樹木工作小組的努力下，1993年開始了「綠化香港運動」(Green Hong Kong Campaign)。政府在城市綠化方面制定政策和注入資源，並開始進行樹木登記冊，記錄市區內的樹木，同時成立樹木資料庫（Tree inventory），稍後將之電腦化。[12]

在這期間，民間組織也積極加入城市種樹及保樹教育工作。1997年，由臨時市政局、香港電台及長春社舉辦「香港市區樹王選舉」，共選出9棵，而在九龍公園內的大榕樹，更成為樹王之冠。在公眾關注市區樹木之際，灣仔民政專員Peter Man開始在狹窄繁忙的市中心植樹。經過一番努力，可惜區內環境未能符合樹木生長的條件，很多樹木的生長情況並不如理想。而回歸後的數年間，亦曾遍植香港市花洋紫荊，這也是見證回歸的一種方式。

市區內植樹的政策、規劃、執行和監管分散在多個不同的政府部門，其中負責最多及最大土地範圍的是康樂及文化事務署（簡稱「康文署」，由前市政事務處分拆出來），涵蓋市區內的公園及路旁樹。該署副署長曾經表示：「康文署是執行本港綠化政策的主要政府部門之一，一直以來積極推行綠化計劃，美化生活環境。本署除了廣植樹木外，還盡力保存現有的樹木。」[13]其他部門包括：屋宇署、路政署、建築署、

12 康樂及文化事務署設立本港首個電腦化樹木資料庫，載於政府新聞公報（2001年11月1日）。
13 原文載於政府新聞公報（2001年11月1日），https://www.info.gov.hk/gia/general/200111/01/1101143.html。

土木工程拓展署、香港房屋委員會及房屋署、地政總署、渠務署、水務署、地政署，環境保護署及規劃署等部門。他們各自有負責的地區，規劃或政策的範圍，可以説是各自為政。

香港特別行政區行政長官在 2000 年《施政報告》中宣布要進一步綠化香港，在市區多種植花草樹木。政府成立綠化、園境及樹木管理督導委員會（下稱「綠化管理督導委員會」），負責制訂相關策略，並監督各項主要綠化計劃的實施情況。政府也在綠化管理督導委員會轄下成立綠化總綱委員會，以更集中處理和加強協調有關綠化的工作，包括制訂綠化總綱圖和按照綠化總綱圖監督短期綠化工作的推行。

政府於 2002 年成立了一個高層的「綠化督導委員會」，就香港的綠化工作訂定策略方針，並監察主要綠化計劃的實施情況。綠化政策的監察工作最先由前環境食物局負督導委員會，在2007年 7 月轉由發展局轄下工務科負責。[14]

2004年在市區植樹及護樹方面有兩項重要的發展。首先是土木工程拓展署開始為市區推行「綠化總綱圖計劃」(Greening Master Plan)。綠化總綱圖內的綠化措施主要位於市區內的行人路或行車道旁，為地區規劃、設計和推行綠化工程提供指引，並為地區訂定整體綠化大綱，確

14 2009年4月17日，立法會民政事務委員會，綠化工作及樹木的保育討論文件。

立綠化主題、建議合適的植物品種和找出合適的種植地點，使各區展示不同風貌，從而達到持續和一致的成果，改善地區的綠化環境。[15]土木工程拓展署一共制定了11份市區綠化總綱圖和9份新界綠化總綱圖，並推行綠化總綱圖的建設，在市區共種植約 25,000棵樹木和510萬棵灌木，在新界市區內共種植約4,000棵樹木和260萬棵灌木，整個計劃在2019年完成。[16]

另一項是政府將市區及鄉郊，以至政府土地上的重要樹木編入《古樹名木冊》[17]，其中包括大樹、百年老樹、珍貴和稀有品種樹木，或樹形出眾，具文化歷史紀念意義的樹木。名冊記載樹木的各項資料，以便護理。在2004年共有527棵樹木入選名冊，至2017年剩下484棵，期間還陸續加入一些新的樹木入名冊。直至2020年，共有430棵樹木列於名冊內。[18]原來的樹木有些因為老死、受颱風或發展影響而倒塌，但不少是受病蟲害和褐根病的感染而死，可見市區內護理樹木並不是一件容易的事，需要科學的知識、護理的技術及持續的視察。希望這些古樹名木可以續留在市區，成為市民及環境帶來美好生態的夥伴。

15 綠化總綱圖的管理工作摘要，2019年，https://www.aud.gov.hk/pdf_ca/c72ch02sum.pdf,2020。
16 土木工程拓展署，綠化總綱圖，https://www.cedd.gov.hk/tc/topics-in-focus/greening/index.html。
17 Registered Old and Valuable（OVT）Technical Circular，ETWB TCW No.29/2004。
18 資料來源：https://www.greening.gov.hk/treeregister/map/treeindex.aspx?lang=zh-HK&category=1。

近幾十年，香港房屋委員會及房屋署興建了不少公共屋邨，在屋邨設計時已加入了綠化元素，為美化居住環境，除保留原有樹木，並進行大規模植樹，而樹木的品種、分佈、年齡及管理都比舊市區為好。此外，在49個屋邨共建設了37條賞樹徑及14個蝴蝶園，為屋邨建立獨特的綠化形象，同時讓居民在住所附近觀賞和認識大自然。沿賞樹徑栽種各種樹木供遊人觀賞，樹前有展板説明該品種的特徵、生態及有趣特點，以生動手法為居民提供樹木知識。個別屋邨還設立以樹木為主的「主題花園」，如屯門安定邨的棕櫚園、大興邨的洋紫荊花園、蝴蝶邨的松竹園及葵園等。[19]

樹木管理辦事處的成立

2008年8月27日，赤柱一棵刺桐樹倒下，一名19歲學生不幸被壓死。及後，死因裁判法庭裁定該宗事故雖為意外，但其實可以避免，故此建議成立獨立部門管理樹木風險，而各部門應成立通報機制，及早得悉有倒塌風險的樹木。

2009年3月，政務司司長帶領一個專責小組，研究本港樹木管理有關的各項事宜，特別是跟進死因裁判法庭就赤柱致命塌樹事故而對樹木管理的公眾安全問題。專責小組於同年6月發表《樹木管理專責小組報告—

19 香港房屋委員會，綠屋邨 https://www.housingauthority.gov.hk/mini-site/greenliving/tc/common/index.html。

人樹共融綠滿家園》。就綠化工作及樹木管理的原則和方式、樹木風險評估的安排、專業培訓、社區參與、公眾教育及投訴處理，以及資源和設備的提供作出建議，並建議改善現行的制度架構，由發展局統籌綠化政策的決策。

設立樹木管理辦事處（簡稱「樹木辦」），作為樹木管理的負責部門。與此同時，又設立一個綠化及園境辦事處，負責協調綠化和園境工作，擔當涉及綠化總綱圖的政策角色。[20]

樹木管理辦事處於2010年3月在發展局工務科之下成立。[21] 其主要工作範疇是：

（一）加強管理樹木風險。

（二）推動以質素為先的樹木管理方針。

（三）加強培訓以提升樹木管理人員的專業水平。

（四）加強公眾教育和社區參與。

政府各部門的分工合作

由於政府部門眾多，各有管轄範圍、地域及設施，其內多長有樹木。政府認為若以單一部門負責樹木管理工作，既不理想，也不可行，但可以

20 資料來源：2009年6月發表的《樹木管理專責小組報告—人樹共融綠滿家園》。
21 有關資料取材自發展局的網頁「關於綠化、園境及樹木管理組」，https://www.greening.gov.hk/tc/about_gltms/purpose_objectives.html。

採取綜合策略管理方式，同時釐清各部門的分工，提升改善綠化計劃的協調工作和成效。於2010年3月在發展局工務科之下成立綠化、園境及樹木管理 ，而政府部門的分工如下：

（一）路政署：負責管理路旁人造斜坡、擋土牆及快速公路的樹木。

（二）康樂及文化事務署：負責管理屬下場地及公用道路（快速公路除外）旁邊園境地點的樹木。

（三）建築署：負責管理由該部門維修的人造斜坡上的樹木。

（四）房屋署：負責管理公共屋邨的樹木。

（五）水務署：負責管理水務設施範圍內的樹木。

（六）漁農自然護理署：負責管理郊野公園的樹木。

（七）渠務署：負責管理渠務設施範圍內的樹木。

（八）地政總署：負責管理未撥用政府土地上的樹木，而該等樹木沒有其他部門管理。

同時，每個部門配有專業人員負責樹木的種植和管理，這可防止「沒有部門負責」或「互相推卸責任」的漏洞。

此外，樹木辦更採取主動措施，管理和保護市區樹木：

公共屋村中的細葉榕

康樂及文化事務署轄下公園種植的大花紫薇

（一）加強管理樹木風險

於2010年引入新的樹木風險評估安排，制訂評估方法和步驟，提供表格和培訓，並視乎樹木的狀況，採取合適的風險緩解措施。又在2019年修訂了《樹木風險評估和管理安排指引》，優化樹群檢查的機制、樹木檢查人員的資歷要求及加強了對問題樹木的早期通報。樹木辦會監測部門人員的工作，以確保樹木風險評估工作以專業手法進行。同時建立新的電子樹木管理資訊系統，以便跟進樹木管理的歷史和檔案。[22]

（二）提供樹木護養的指引

包括各方面的知識和技術指引，[23]並有不少護養樹木的知識，例如：常見的樹木問題、正確種植方法、修剪辦法、護養樹木的常見問題、街道選樹指南等，並優化樹木投訴處理機制和緊急應變安排。

---

22 樹木辦亦提高了風險評估報告的審核要求 – 分別審核樹木管理部門完成的樹群檢查和個別樹木風險評估報告的百分之五。

23 包括：
1.施工期間保育樹木的工作。
2.樹藝工作的職業安全及健康指引。
3.在進行行人路翻新工程時鞏固樹木指引。
4.處理樹樁指引。
5.石牆樹管理指引。
6.減少和處理園林廢物指引。
7.移植樹木指引。
8.成齡樹的管理指引。
9.進行發展時保育樹木指引。
10.香港市區樹木常見的樹木腐朽菌簡介。
11.伐樹—困難但理智的決定。
12.各項技術通告及指引等。

（三）提高相關資格及培訓

制訂培訓及人力發展計劃，為本地從事樹木管理人士提供培訓資料及機會，包括學士學位、專業文憑和證書程度的樹藝課程。其中部份樹藝學、樹木管理、樹木風險評估、園境管理或同等範疇的本地證書或文憑課程，達到香港資歷架構第3或4級水平，並符合樹木風險評估及安排的指引中，巡查人員的最低學術專業要求，推動部門承辦商不斷改善表現。

（四）成立城市林務諮詢小組和舉辦討論會

於2011年3月成立「樹木管理專家小組」，2018年改名為「城市林務諮詢小組」，這是一個由不同專業人士組成的業務諮詢小組，就城市樹藝、生態及園境等各方面的城市林務策略、城市林務研究及發展工作，以至推動城市林務相關行業向發展局提供意見。[24]樹木辦亦不時舉辦都市樹木的本地及國際研討論會，交流經驗和技術，提高有關人員的水平。

都市植樹的反思

香港給不少人的印象是個「石屎（三合土）森林」，草木不多的都市，自開埠以來這印象沒有太大改變。除了市區的公園和一些原來路旁的大

24 資料來源：https://www.greening.gov.hk/tc/about_gltms/urban_forestry_advisory_panel.html。

樹，我們似乎不太重視市區的植樹。市區主要的空間留給建築、馬路和必須的公共設施。而且，香港「寸金尺土」，很難預留空間給樹木生長，就算有，也是作為點綴及美化用途，以及歷史遺留下來的古樹。大眾對樹木在市區的功能和效用，因為認知不足及無時間理解，造成了區內和私人土地上的樹木長期缺乏管理，而在栽種方面更是欠缺統一的規劃和設計。由於負責的部門各自為政，往往令植樹與負責保養的部門之間產生矛盾，甚至種植之後不予管理的現象。

都市內的樹木護理和種植的確不是一件簡單的事，筆者曾負責統籌及協調有關部門，結果無功而還，主要原因是缺乏強而有力的高層領導，以及政策上的推動和資源上的配合。1990年後，雖有跨部門的市區植樹工作小組，但其功能限於技術層面，只是提供意見給各方參考，而未能推動有關部門去落實執行。這情況一直維持到2008年8月，赤柱的塌樹意外發生之後，因應法庭的建議，以及社會輿論的壓力，為防止同類型的悲劇再度出現，政府方採取強而有力的措施去改善市區樹木的護理和保養問題。

由政務司長率領政府多個部門首長，在三個月內提出了一系列的改善措施，[25]包括成立一個隸屬發展局工務科的「綠化園境及樹木管理組」，

25 資料來源：2009年6月發表的《樹木管理專責小組報告—人樹共融綠滿家園》。

並成立「樹木管理辦事處」，負責統籌一切有關市區樹木的工作。這是一個隸屬政府中央有實權的機構，可以解決一些以往各部門沒有能力、資源、權力去處理的事情，例如整體的分工、技術的分享、植樹和護理的標準，以至病蟲害的管控、專業技術人員的認證和考核、樹木管理的監督等。希望藉此減低塌樹的風險，同時也可長遠保育現有樹木的健康成長、護理和更新。

在護理之餘，也要加強市區內的綠化機會。這部份的工作涉及多個部門，而發展局屬下的「綠化及園境辦事處」，亦積極爭取更多市區綠化的機會，包括提倡優質園境設計，引入新的綠化技術。在城市規劃過程中，預留充份空間作綠化種植樹木之用，同時在私人發展項目中提供綠化面積的比例。至此，都市綠化和植樹已踏上正軌。由樹木辦負責中央統籌的工作，而相關的政府部門則以綜合管理方式，負責管理有關土地上的樹木。雖然仍未有機會討論設立「市區樹木法例」的建議，但確立了一個負責處理全港所有樹木管理方案的政府辦事處。

希望在樹木辦和所有相關部門的努力下，市區樹木的護理和種植情況有美好的發展，令香港由「三合土森林」城市的負面稱號，可以搖身一變，成為「花園城市」或「綠化之都」。

第10章

香港林業的趨勢和展望

林業新趨勢

戴爾博夫婦

香港的林業一直受到國際環境保護趨勢的影響。郊野公園的建立，是受到國際自然保育聯盟(International Union for Conservation of Nature, IUCN)的鼓勵。1965年，IUCN的戴爾博夫婦(Dr. Lee M. Talbot and Martha H. Talbot)應邀來港進行研究並提出具體的建議。本地林業部門亦與國際林業及保育機構素有聯繫。其中影響較大的國際趨勢要數於1992年，在巴西里約熱內盧舉行的地球高峰會(United Nations Earth Summit)，會上通過兩個具法律約束力的協議：

1. 生物多樣性公約(The Convention on Biological Diversity, CBD)。
2. 聯合國氣候變化框架公約(The United Nations Framework Convention on Climate Change, UNFCCC)。

同年，還通過「里約環境與發展宣言」(The Rio Declaration on Environment and Development)、「21世紀議程」(Agenda 21)，和「森林原則」(Forests Principles)。

其中，已發展國家可透過「森林原則」為發展中國家提供援助，以保留現存森林。這是世界各地首次有國際共識去保護森林，同時確定了各種類型森林的重要性，並同意在保育、管理和可持續發展方面加强合作。

香港森林的面積雖然細小，在國際層面的重要性似乎不及熱帶雨林或其他森林，但在南中國地區算是保存比較好的森林，而且蘊含生物多樣性，因此也能為國際及國內作出獨特的保育貢獻。

2011年5月，《生物多樣性公約》正式延伸至香港，主要包括保護生物多樣性、持久使用其組成部分，以及公平合理分享由利用遺傳資源而產生的惠益。[2]而《聯合國氣候變化框架公約》於1992年通過之後，1997年又通過具法律約束力的《京都議定書》(Kyoto Protocol)，後來由《巴黎協定》(Paris Agreement) 所取代。自2016年11月開始，《巴黎協定》適用於香港特別行政區。

香港的植林和護林深受上述兩份國際公約的影響，而於2016年又制定《香港2030+：跨越2030年的規劃遠景與策略》[3]。這三份文件大致上確立了香港環境保護的方向和重點，其中不少內容與林業關係密切。

---

2 《生物多樣性公約》，1992年，第一條：目標。
3 資料來源：發展局規劃署，2016年。

（一）《巴黎協定》與香港林業

《巴黎協定》的主要條文是減少碳排放，把全球平均氣溫升幅控制在工業革命前水準以上低於在2℃之內。香港政府在2015年11月發表《香港氣候變化報告2015》，其中特別提到樹林擁有碳儲存能力，樹木和植物可以幫助減少碳排放進入大氣。因此，大規模的綠化和植林是減少碳排放的一項重要措施。這報告強調要保護及優化生態系統，樹木在減緩氣候變化方面扮演重要角色，其中提到：

>*「由於植物能夠鎖住並儲存碳，因此樹木和植物可以幫助減少排放至大氣中的碳含量。樹木和植物利用光合作用，將二氧化碳轉化為糖份、纖維及其他含碳的碳水化合物並藉此生長。樹木和植物可以將碳大量鎖在樹木內，並在生長期間繼續吸收。雖然樹木和植物在自然過程中，例如進行呼吸作用和腐爛過程中，會排放少量二氧化碳，但一般吸收率較排放為高。」*[4]

2017年，環境局更推出《香港氣候行動藍圖2020》，確認樹木在減緩氣候變化方面具有非常重要的作用，而《巴黎協定》中明確要求保護樹木及維護生態系統。因此，保護及優化生態系統亦可幫助及適應氣候變化帶來的災害。報告書列出樹木的多種價值，除了環境效益之外，還有

---

4 《香港氣候變化報告2015》，環境局，2015年11月。

社會經濟效益、促進市民身心健康和治療價值、改善空氣及水質質素、紓減噪音及視覺污染、減緩城市熱島效應等：

「保護及優化生態系統氣候變化正改變風暴、旱災、山火及蟲害爆發等自然災害的頻率及強度，這些變化可影響生態系統及生物多樣性。植物（尤其是樹木）能大量吸收及儲存大氣中的碳，因此，樹林在減緩氣候變化方面扮演着一定的角色。同時，植物可幫助降低市區的溫度。藉着良好的集水區管理，斜坡可以保持穩固，而地面徑流亦可得到改善。透過維護生態系統（例如紅樹林）的完整性，海岸侵蝕和風暴潮的影響亦可大大減少。因此，保護及優化生態系統亦可帶來適應氣候變化的效益。」[5]

紅樹林有效緩減海岸侵蝕

5 《香港氣候行動藍圖2030+》，環境局，2017年1月。

除了在郊野公園大規模植林之外，還計劃營造「城市樹林」。由發展局綠化，園境及樹木管理組領導，制定城市林木管理策略，改善市區景觀設計，並實行「地方生態」的概念。這份報告書由政務司司長領導各部門首長，訂立了2030年碳排放下降的目標、採取的策略和行動，並成立「氣候變化督導委員會」，作為督導和檢視進展的架構。展望未來，《氣候變化框架公約》和《巴黎協定》將為香港的植林和護樹奠定堅實的政策基礎。

（二）《生物多樣性公約》與香港林業

中國自1993年成為公約的締約方。中央政府於2011年將《公約》的適用範圍延伸至香港特別行政區。《公約》要求各國制定《生物多樣性策略及行動計劃》(下稱《計劃》)，以及鼓勵各地方政府制訂國家級的《計劃》，為促進全球的生物多樣性共同努力。國家級的《計劃》在1994年公布，其後在2010年修訂。香港亦根據《公約》要求的精神，着手制訂城市級的《計劃》。

香港政府在2013年，透過成立有廣泛代表性的「督導委員會」，經過兩年時間的廣泛諮詢，環境局於2016年12月發表了《香港生物多樣性策略及行動計劃2016 – 2021》。這份《計劃》列出了4個主要範疇，和23項在不同範疇下的行動，而每個範疇當中林業都佔有重要的份量。

範疇一：

「加強保育措施」：當中提出要保護及優化現存的保護區，進行植林優化計劃，以增強林區的生物多樣性。同時要保存在保護區以外的生境，例如在郊野公園範圍內的「不包括的土地」，和鄉郊地區的樹林及具高生態價值的地點。在水道維修方面，擬備指引，加強綠化。在河道旁植樹，並把排水渠和改善工程地方轉化為公園。[6]為了加強本地自然生態之間的連繫，其中一項「行動」是設立水體和植被廊道，串連自然生態，有利野生生物的流動性，更有助本土動植物應對氣候變化所帶來的挑戰。而這些生態連繫廊道中，多以植林為主。

範疇二：

「推動生物多樣性主流化」：把生物多樣性納入政府主要政策，規劃標準之中，也成為環境影響評估中的重要指標，並把《計劃》應用在城市環境之中，使用景觀、樹木、植物美化市區環境，提升城市樹林對害蟲和疾病的免疫力，制訂城市林務策略以達至可持續的城市景觀。

其中一個部門是路政署，它負責管理市區三分之一的樹木，約有60萬棵。而全港有四分之一的斜坡，於1950－60年代栽種台灣相思。踏入

6 Richard LEUNG（2020），"Rivers in the City", presentation on 16 Jan 2020 to the Hong Kong 2020 International Urban Forestry Conference。

7 Kathy NG（2020），"Proactive Urban Forestry - Acacia Management and Beyond". Presentation to the Hong Kong International Urban Forestry Conference 2020 Powerpoint。

2010年，樹木已經老化或不太穩固，有些甚至倒塌或傾斜。路政署在2012年進行改種計劃，以本地品種的樹木代替台灣相思，並種植開花的灌木，至2015年已初見成效，這也是根據生物多樣性的原則而進行的樹木種植計劃。[7]

範疇三：

「增進知識」:《計劃》是在進行全港性的生物調查監測，評估之餘也建立有關生物中央數據庫，可以共享信息和知識。同時進行有關的研究，由政府環境及自然保育基金資助，並鼓勵運用傳統知識，善用天然資源。

生物多樣性調查

範疇四：

「推動社會參與」：生物多樣性需要市民、商界和團體的支持。通過不同的教育方式、宣傳和活動，加深大眾對有關方面的認識，讓市民可以參與、了解，並與不同機構或持份者合作。在這方面，環境及自然保育基金可為有關活動的參與者提供資助。

在樹木護理方面，發展局於2011年8月成立「社區參與綠化委員會」，透過公眾教育及社區參與活動，培育愛護樹木的文化，並與公營、私人機構合作，開拓綠化植樹的機會。在教育宣傳方面，出版《綠化》期刊、建立綠化網頁（www.greening.gov.hk），向不同人士推廣正確「植樹愛林」的方法，舉辦展覽、研討會，並由不同部門舉辦各種公眾活動，宣揚樹木管理事宜。

《生物多樣性公約》在本地落實，是香港為全球保育工作盡一分力，也為中國國家《計劃》有所貢獻。為了推展《計劃》的各項行動，政府已增撥財政資源落實執行。主要負責部門是漁農自然護理署，透過成立跨部門工作小組，由環境局局長出任主席，協調各部門的工作及監察推行的進度。

《生物多樣性公約》影響香港對整體自然資源的保護和優化管理，在林業方面促進了原生樹種的種植和種植範圍的延伸。

（三）《香港跨越2030年的規劃遠景與策略》與香港林業

香港政府發展局在2016年發表《香港跨越2030年的規劃遠景與策略》（簡稱《香港2030+》），這份策略由規劃署撰寫，描繪出香港未來發展的願景。希望把香港構建為宜居、具競爭力及可持續發展的「亞洲國際都會」，其內容涵蓋土地、基建、環境、交通運輸、人口、房屋等等。其中一個重點，是將香港由一個高密度城市，透過規劃生活質素而轉型為宜居城市。同時，將市區與郊野接連，成為「健康城市」。

在《香港2030+》中，提出了善用「藍綠自然資源」，「藍」是指水資源，如海濱、明渠、河道、水塘等；「綠」是指郊野、森林、公園、綠化帶、路旁樹木等。在規劃時預留生態走廊，把這些藍綠資源聯繫，互相緊扣，利便居民往來。這也是建立「熱愛大自然的城市」(Biophilic City) 方案，將自然融入市區，讓市區接連郊野，其中間的廊道需要植樹綠化。而城市中的公園、空地也要加強綠化，成為市區中的樹林。在這方面，倫敦已成為先行者。她於2019年，正式宣布成為「國家公園城市」(London National Park City)[8]，這是首個把「藍綠」資源匯聚在都市之中，其功能是提高居民生活質素、改善環境，令城市更為健康宜居。香港在《2030+》中，除建議多建生態廊道 (Eco-corridors)，

8　資料來源：London National Park City, http://www.nationalparkcity.london/

也鼓勵優化公眾綠化區(Communal Green Spaces),這可在住宅、社區、學校、公園,進行平面、立體、屋頂及垂直綠化,以增加「綠」在城市中的面積,建立社區綠色網絡,成為都市生態的一部分。

《香港2030+》提出的主要策略,是發展都市林業(Urban Forestry)。這對整體的環境、經濟、社會都有益處,它可成為高密度城市中的生態系統的一部分,樹木同時可以協助碳匯,和減少碳排放,這是對抗氣候變化的自然機制。但是,如果在市區內建立都市森林,也有很多的挑戰。市區大部分的植林都是跟隨工程項目進行,這需要強而有力的政策,才可實現整體全面的植林規劃和執行,更需要有系統和科學化的管理。建立都市森林,利用綠色廊道連接郊野公園的森林,便可以把全港森林從市區到郊區連成一片,成為一個完整的生態系統,這是極為理想的願景。其實在國際上,不少城市都有這樣的規劃。中國從2006年開始,在全國範圍內授予193座城市為「國家森林城市」,其主要條件是指城市生態系統以森林植被為主體。[9]國際上,於2020年共有59個城市被Arbor Day Foundation和Food and Agriculture Organization of the United Nations(FAO)授予「世界樹木城市」的稱號(Tree Cities of the World)。[10]

---

9 資料來源:國家森林城市 https://zh.wikipedia.org/wiki/%E5%9B%BD%E5%AE%B6%E6%A3%AE%E6%9E%97%E5%9F%8E%E5%B8%82。

10 資料來源:Tree Cities of the World, https://treecitiesoftheworld.org/。

香港的規劃願景也是朝著這個方向前行。也許不久的將來，我們也可以成為中國「國家森林城市」，或「世界樹木城市」的其中一員。

展望與前瞻

香港林業的發展由開埠到現在有很大的變化。首先是植樹的目的，已由以往較單純的實用、經濟和水土保育方面，改為生物多樣性、對抗氣候變化、增進市民健康和景觀美感的層次。種樹原因的改變，也令樹木品種的選擇更加多元化，以原生種和富有色彩的花木，可吸引昆蟲鳥類的樹種優先。還有就是在適當地點種植適當的品種，一改以往千篇一律的用外來速生樹種的方式。在植樹的空間和位置方面，已由郊野公園，走入新市鎮，並延伸入城市，在市區的公園、公路街道、校舍及公共空間廣植樹木，和綠化建築物，以期建立城市森林。在植樹之餘，護理更趨向技術化、專業化和科學化。雖然仍有不足之處，假以時日，「樹木城市」的面貌將會出現，管理會更趨完善。

香港的林業，已由以往的部門工作，升格為政府的中央政策。為了配合《生物多樣性公約》和《巴黎協議》，植樹造林已經成為香港政府在履行國際公約，以至為國家在實踐公約上盡一分力，這不容有失。

透過《香港2030+》的規劃，香港已為將來訂下明確的目標，就是建立高密度的宜居、健康城市，當中包含生態環境的都市森林。在政府、環保團體及商營機構的努力下，通過宣傳和教育市民大眾植樹護林，已漸漸成為社會意識的主流，從而影響香港各方面的政策、規劃發展和行動。

附錄一
香港試植桐油樹史實 作者：饒玖才

香港的林產，除了明、清兩代的土沉香外，現代亦曾試植產工業油的桐樹，雖然未竟全功，但其過程值得記錄。

中國人使用桐油作工業用途的歷史頗久。明代宋應星的《天工開物》第十二卷「膏液油品」已有提及。中國產油的桐樹有兩個品種，都是大戟科油桐屬的中等落葉喬木，一種是油桐（學名*Vernicia fordii*），另一種是木油樹（學名*Vernicia montana*）[1]。前者多產於華中，植後三年即可結果，但二十年後即衰老，故又名三年桐；後者則只長於華南，樹齡很長，果實亦多，故又名千年桐。兩者形態相似，後者較高，可達20米。油桐葉大呈卵圓形，通常全緣，稀1-3淺裂，長約8-18厘米，有長葉柄，每年四月初，長出大量白色成簇的花朵，至夏季結成近球形果實，直徑約5厘米，前端尖銳而果皮平滑，果內籽含油質，可榨取桐油。桐油因含有桐酸，所以有光澤，乾燥快，比重輕，具有防水、防腐和防鏽的品質，所以在工業上的用途很廣。此外，醫藥上的嘔吐劑，農業上的殺蟲劑及漁具的防腐劑，也少不了它。桐籽麩具肥效，是良好的有機肥料。它的木材柔軟，可製傢具。故此，昔日鄉間有「種竹種桐，子孫不窮」的諺語。

---

1 木油樹與油桐的學名中之屬名*Vernicia*，在二十世紀時為*Aleurites*。

到清代末年，中國出產的桐油除內銷外，更進入國際市場。二次世界大戰前，它是中國賺取外匯的重要物產，當時被譽為「綠色的銀行」。鑑於它的工業用途，美國在1920年代，引種於佛羅里達等南部各州。稍後，新西蘭亦引種於該國較為溫暖的北島。

二次世界大戰結束後，香港經過戰爭破壞，滿目瘡痍，民生疲憊。復員後，政府急務是振興經濟，除了推動貿易和工業發展外，嘗試在本地種植經濟作物。因為山地多，所以嘗試種植油桐。當時主管林務工作的譚華富（I. P. Tamworth），親自前往廣東北部植桐區連縣考察，並選購了一批木油樹的種子回港培育，更在當地招聘了一名有植桐經驗的管工來港工作。當時位於九龍荔枝角和大埔滘的苗圃，分別用地播和筒裝兩種方法育苗，另外又試用直播種子方法植樹。定植的地點，則選擇較為蔭蔽的獅子山北面，由九龍水塘引水道至現今沙田濾水廠一帶谷地，並根據香港法例第96章《林務條例》，於1947年1月7日的政府憲報中，公佈種植範圍。第一批木油樹苗移植該處後，成活率頗高。隨後兩年，繼續推行。定植後初期生長亦頗佳，而該處一帶，遂有「桐油山」的俗名。

不過，在定植後的第三年起，木油樹的生長便出現兩個問題：第一，在土壤較瘦地方生長的，呈現葉黃症狀，雖經施用鐵質肥料，仍有部分枯死。第二，由於香港夏秋間多颱風，而木油樹的枝幹脆弱，常被吹折，影響生長。此外，香港土地面積小，人力比中國內地昂貴，不符合經濟原則。與此同時，國際桐油市場亦逐漸被礦物油所侵佔，所以在1953年便決定終止試植計劃。

另一方面，因桐油樹白色的花朵美麗，所以在1950至60年代，亦作為新界及九龍市區的行道樹，數量最多的是當時新擴建的粉嶺沙頭角公路。不過，後來大部分亦為颱風摧毀，後改植其他品種的樹木。

在此值得一提的，就是負責此項計劃的譚華富，服務香港15年，對本地社會有一定貢獻。他在1937年來港，是第一位曾受林業學專業訓練的林務主任（他的前任者都是攻讀植物學或園藝學的）。1938年，日軍攻陷廣州，供應香港家庭的燃料「西江柴」來源被截斷，本港發生燃料荒。他負責統籌在新界林區斬伐樹木，以應燃眉之急，直至南洋柴（由於經新加坡運港，統稱「坡柴」）運到供應為止。他到任後亦參加香港志願防衛軍。1941年12月8日，日軍由寶安越深圳河進攻香港，英軍向九龍撤退，譚氏因熟悉新界地勢，所以被選派率領一小隊殿後，負責炸毀大埔滘及沙田何東樓等多處鐵路及公路橋樑，阻延日軍向南推進，他因此獲授軍功十字章。香港淪陷後，他被囚於戰俘營，戰後復任。他對東南亞地區木材鑑定和利用頗有心得，任內著有《香港使用的木材》（*Timber used in Hong Kong*），於1952年出版。他在同年調任馬來亞，五年後才退休。

木油樹

另一位對香港種植桐油樹很熱心的，就是早期出任香港中文大學崇基學院院長的凌道揚博士。他青年時在美國修讀林科，1930年代中期曾在中國南京國民政府掌林政。戰後他到香港，知道政府試植桐油樹，表示支持，並提供了一些有關意見。1957年，崇基在新界馬料水興建永久校舍，他囑員工在該處廣植桐油樹，故此，現今中文大學校園內接近火車站的幾坐建築物附近，仍有不少桐油樹生長。

木油樹的花

木油樹的果實

附錄二　香樹與香港
作者：饒玖才

香樹的種植及其產品的運銷，對明、清時代香港地區農村經濟相當重要，與地方歷史亦關係密切。最近幾年，它更成為本港植物保護的一個難題，值得作為獨立的討論，並供參考。

樹木的形態、名稱及產品

香樹的正式名稱是土沉香，學名*Aquilaria sinensis*。它是瑞香科的常綠大喬木，最高可達15米，幹多正直，樹冠闊度中等。其葉革質，呈卵形或橢圓形。花黃綠色，初夏開放，結成倒卵形的木質蒴果，長約2–3厘米，直徑約2厘米。其木材黃白色，有香氣，樹木的生長速度中等。

土沉香廣泛分佈於廣東全省、廣西的東南部、海南島和台灣。它在廣東的不同地區，因各種原因，有不同的俗名：牙香樹（於廣東省，因其香液凝結後狀如馬的牙齒）；白木香（於廣州市，木材呈黃白色）；莞香（因東莞縣為盛產地）。至於沉香之名，是因為其幹部「心材」含樹脂，凝結後質較硬，放於水中下沉。另一方面，又因明清時代有香品自越南

1　越南所產的香樹，與香港所產者親緣很近，學名*Aquilaria agallocha*，是源自梵文（古印度文）Ageru，佛書作阿伽盧（to give），可能是「給予」的意義。

北部（古稱交趾）運來銷售，[1]其氣味較辛辣，俗稱「交趾沉香」，故本地所產稱為土沉香，以資識別。

土沉香的花

土沉香的果實

土沉香的產品有三種：樹脂、木材和纖維。

（一）樹脂：樹幹受到天然或其他外來侵擾，如枝椏因風吹折，真菌侵入傷口，幹內樹液發生化學變化，流出幹外凝結，體積不等，形狀各異，成為中藥沉香，亦可薰蒸，作清新室內空氣之用。

（二）木材：其黃白色的木材具香味，切成小塊，燃點後散發香氣，具清新室內空氣或祀神之用。

（三）纖維：其木材的纖維亦具香氣，加工造成紙張後，有辟蟲之效，稱為蜜香紙。

古籍中有關的記載

古籍中有關香樹的記載，首見於西晉永興元年（即公元304年），廣州太守嵇含的《南方草木狀》，其卷中記述：「交趾（今越南北部）和廣東西部，有蜜香樹，葉似柜柳，其花白而繁，其葉如橘。欲取香，伐之，經年其根幹枝節各有別色也。木心與節堅黑，沉水者為沉香，與水面為平者雞骨香，其根為黃熟香，其幹為棧香，細枝緊實未爛者為青桂香，其根節輕而大者為馬蹄香，其花不香，成實者乃香為雞舌香。珍異之木也。」

唐代（公元618 – 907年）段公路的《北戶錄》及劉恂的《嶺表錄異》均載：「羅洲（今廣東羅定縣）多棧香樹，身如柜柳，其華（花）繁白，其葉似橘皮，堪搗紙，土人號為香皮紙，作灰白色，文如魚子牋，今羅辨州皆用之。」宋代范成大《桂海虞衡志》的〈志香〉一章，記述當年兩廣及海南島各種香樹產品，並説從越南等運來之香樹產品質素和味道均遜於本地所產。」

到了元代（公元1271 – 1368年），廣東省東莞縣一帶種植土沉香樹者漸多，產品亦日趨著名，統稱為「莞香」。元·陳大震著（大德）《南海志》（元代的南海郡約等於現今之珠三角及港澳地區）的〈物產·香藥〉條，亦説東莞縣茶園鄉一帶，種植和販賣者甚眾。明代栽培更廣：「富者千樹，貧者亦數百樹。」當時，新安縣的一帶屬東莞管轄，故相信從事栽培與加工的農戶亦不少。

香樹的種植和利用

清代屈大均在《廣東新語·香語》中指出，種香和產香有三要項：擇地、種植與管理，以及鑿香。

擇地就是選擇適合的地點和土壤：應選向陽而排水良好的山坡，泥土以沙質紅色壤土，沙石分離的為良。純黃或純黑，黏性重而排水不良的土壤不宜，因為樹苗雖然能在其中生長，但將來所產的「香」品質欠佳。

第二項是種植與管理要得法。在夏季末，母樹果實成熟時摘取，即將新鮮的種子播於苗床，幼苗生長至30厘米時便可移植。定植時宜用較大的株距，使幼樹有充足空間生長。同時，「根頭」應稍高於表土，使其充分暴露於陽光，因為該部位是全樹香液所聚。植後每年至少鬆土一次，並經常除草。大約定植後五年，便可在近地面處斬去主幹，因為其時主幹木材呈白色，所以叫做白木香。這階段木材裏的香脂成份很少，價值不高，只能用以直接燃燒生香。主幹斬去後，樹頭旁即萌出幾條新枝，讓其生長兩年左右，使新枝製造的養份，聚於樹頭，俗稱為「香頭」，此時便可進入鑿香階段。

鑿香是收成階段，先將樹頭四周泥土挖開約一呎，然後用砧刀鑿兩三片木材，叫做「開香口」或「開香門」。樹頭受傷，樹液遂在鑿口流出而凝結，香氣便散發，故需培土以保之。以後每年秋季鑿一次，最好是在農曆十月進行，因該時「香胎氣足，香乃大佳」。每次只能鑿數片，不可超量，以免傷樹頭元氣。此後鑿量可逐漸增加。昔日香農稱：「香樹特性，不鑿不易長大，鑿則長之速（相信是指香液流出的速度），樹頭久鑿成洞，可坐數人。」如管理得宜，樹頭可採達三、四百年。這種用人工方法催生的香稱為「生結」，以別於樹幹因天然原因（如風損、蟲蛀）在傷口處凝結的「熟結」。

「熟結」的品質一般較「生結」為佳，故昔日亦有香農入深山野生的枝幹採集，但因數量不多，於是有人用人工損傷野生樹幹，以求「增產」，並以「熟結」稱行銷，魚目混珠，賺取厚利。

由於鑿香技術的發展和品評經驗的累積，逐漸出現了專業的「鑿香師」。他們觀察樹頭及枝葉生長的情形，便可知道香的品質。因樹齡、鑿法的不同，以及樹液凝結後的形狀、顏色和品質的差異，產生了很多「香品」的名稱，如「黃熟血結」、「黃紋黑滲」、「金錢腦」和「鷓鴣斑」等。一般來説，樹齡愈長，木材含脂量愈多，則品質愈佳，所謂「木氣盡，香氣乃純，純則堅老如石，擲地有聲。」

除了產香品外，牙香樹的很多部分，亦有用途。它的樹皮可造紙，稱為「香皮紙」。《東莞縣志》稱它：「色微褐，有點如魚子（魚卵），其結者，光澤而韌，水清不敗，以護書，可闢蠹。」其果實亦可榨油，據清·吳綺《嶺南風物記》說：「烈榨油，燃燈最明，蠅蟻百蟲不敢近，誤觸之，斷翼脱足而死。」相信是因香液氣味揮發的效力。此外，它的根也可作工藝品。清·吳震方《嶺南雜記》談及其根特點：「堅如沉速，槎椏屈曲，可為杯斝（音賈，古代一種禮器），為硯山，為禽獸形，供玩。杯鑲以銀，山以紫檀為座，頗稱雅品。」

香品的運銷與香港

清·嘉慶《新安縣志》〈物產·木〉條說：「香樹邑內多植之，東路出於瀝源（即今之沙田）、沙螺灣（大嶼山西北）等處為佳。……香氣積久而愈盛，正幹為白木香，出土上尺許為「香頭」，必經十餘載始鑿，如馬牙形俗呼為牙香。……」由此可知在清代初期，香港地區有種植香樹與鑿香的生產活動。

香港之得名，亦與牙香樹有直接關係。據本港歷史學者羅香林教授及其門人張月娥考證，[2]明時東莞南部、新安全部（包括現今香港、九龍及新界）所產香品，用木箱裝好，由陸路運到尖沙頭（按即現今九龍尖沙嘴）

---

2 羅香林等著《香港前代史——一八四二年以前之香港及其對外交通》第五章：〈香港村與九龍新界等地香樹之種植及出口〉。

的香埗頭（即運香品落船的碼頭），搬落小艇載至港島南的石排灣，然後改用俗稱「大眼雞」的艚船，轉運廣州。再由陸路經南雄、穿梅嶺、通過贛江至九江市、再沿長江輸往蘇杭銷售，此路線是當時廣州與長江中下游相連的交通路線。從香港出發，此線雖非直接，但較沿福建、浙江海旁水路安全（此線海盜猖獗）。因為香品都集中轉運，所以該海灣便稱為「香港」，意思就是運香販香的港灣。此一名稱在明代已為附近人士所用，郭棐《粵大記》附圖中，已有此名。

1840年，英國船艦到達現今香港島，先泊赤柱作基地，後以該地環境衛生差，遂轉往香港仔。詢諸當地水上居民該處名稱，則以香港作答。稍後中英簽定《南京條約》，香港之名，遂擴大而代表全島，其英文名稱Hong Kong，亦是據水上居民的蜑語口音而譯（粵語的「香」字，通常譯為Heong）。

香品的衰落

莞香的生產和出口，雖在明末甚盛，但到清·康熙初年，滿清政府為防止明遺臣鄭成功從台灣反攻，實施「遷海」（即堅壁清野）。引致沿海地區種香人家，流離轉徙，死亡者眾，香業受到重大打擊。「復界」後重植，產量和品質亦難復舊觀。有關當時情形，《廣東新語·香語》說：「自離亂以來，人民鮮少，種香者，十戶存一，老香樹亦斬刈盡矣。今皆新植，不過十年二十年之久，求香根與生結也難甚。」

至雍正年間，廣東官府接到朝廷命令，到東莞搜求優質香品進貢。而官差則乘機威脅勒索，發生「杖殺里役」的事件。種香的人家都嚇怕了，唯有將香樹斬去，轉營別業，本地香業遂一蹶不振。

栽植的牙香樹雖大部分被斬伐，但山野間及鄉村風水林仍有不少生長。據1912年鄧恩與德邱合著的《廣東及香港植物志》(Dunn and Tutcher: *Flora of Kwungtung and Hongkong*)，二十世紀初，在新界一處鄉村風水林調查，於一英畝樣本區內所記錄得的133株木本植物中，有31株為牙香樹。不過，十九世紀末及二十世紀初的港英政府年報，以及1898年租借新界時的《駱克報告書》，均無提及香樹種植與香品產銷。唯一的民間記錄是已故大埔樟樹灘原居民邱東在《新界風物與民情》中，[3]提及他童年時（十九世紀末），隨其祖父入山採香情形，他說：「攜備斧一把、彎月形鐵鑿一枝、布袋一個，行到有老香頭地方就停下腳來，左手持鑿，右手持斧，以斧背打鑿，逐件而鑿之。回去後先曝曬太陽，然後大鑊隔水而蒸之，噴以雙蒸米酒，並任由其在外吸收霧水。如是者重複多次，便成「牙香」。這些產品只用作家族祭祀時薰香之用。」從這記錄可知，十九世紀末期，新界仍有零星鑿香活動，但所得只作鄉民自用。

3 邱東為大埔樟樹灘鄉彥，熟悉新界鄉情，在1960 - 80年代，有「新界通」之稱。

二次大戰後的情況

日軍佔領香港時期（1942 – 1945年），人民生活困苦，山嶺草木大部分被斬伐作燃料，香樹亦無法倖免，只有在鄉村風水林中的香樹，因傳統習俗得以保存。戰後初期，植林主要採用生長迅速的本地松樹和外來闊葉樹，土產品種很少。1950年代中期，筆者在粉嶺大龍森林苗圃工作時，曾採集一些香樹果實育苗，並無困難，但移植於山嶺後，因地形暴露而生長緩慢。1978年，香港仔郊野公園管理站建立時，曾附設一個小型遊客中心，以「香樹與香港」作為主題展品，增加市民對香樹的認識。而在附近較蔭閉地點亦種植了一批香樹苗木，現今多已成長。

2001 – 2004年，漁農自然護理署在全港風水林調查最常見的樹種的統計數字中，土沉香名列第四位。

保育的難題

1978年，中國改革開放後，民眾生活水平普遍提高，小部分更上升為富裕階層，他們對珍貴的土產的興趣，亦迅速增加，歷史悠久的香品，是其中之一。為迎合這需求，中國西南部各省的香樹被大量斬伐，有鑑於此，中央政府在1992年，將香樹列為國家二級重點保護野生植物。

隨着國內各地的香樹被大量偷伐，貨源減少，不法之徒轉移目標到香港境內，他們僱人偷渡入境，在香港各處山林搜索斬伐，伺機偷運返內地。本港的有關部門，包括漁農自然護理署、警務處、海關等，雖然花了不少人力，仍然難以遏止。

最近，漁農自然護理署定了《土沉香物種行動計劃2018 – 2022》，於大埔滘自然護理區內安裝了具夜視功能的攝錄系統，以及測試利用紅外線感應自動監測儀在策略性位置監察，並為大棵成齡土沉香設置保護裝置，例如金屬保護圍欄及鐵網樹圍等，取得一定的成效，但只是治標的方法。

看來，要從長期普及自然教育，改變社會對珍稀植物保護的觀念，才是治本的方法。

香港林業及自然護理－回顧與展望

Forestry and Conservation in Hong Kong - A Review and Outlook

作者：饒玖才及王福義（Mr. Iu Kow Choy & Dr. Wong Fook Yee）

製作：漁農自然護理署

相片：饒玖才、王福義、劉善鵬（p.104, p.145）、鄭寶鴻（p.204-205, 207）、地政總署（p.128-129）、土木工程拓展署（p.202-203）、漁農自然護理署

設計：Blacktony

出版：郊野公園之友會

網址：www.focp.org.hk

天地圖書有限公司

香港黃竹坑道46號新興工業大廈11樓

電話：2528 3671 傳真：2865 2609

網址：www.cosmosbooks.com.hk

國際書號：978-988-219-615-5

承印：亨泰印刷有限公司

發行：香港聯合書刊物流有限公司

香港新界荃灣德士古道220 – 248號荃灣工業中心16樓

電話：2150 2100 傳真：2407 3062

版次：二零二一年六月第一版